DK 621.855.001.24
672.658

FORSCHUNGSBERICHTE
DES LANDES NORDRHEIN-WESTFALEN

Nr. 943

Dipl.-Ing. Hans-Günther Rachner

Bericht aus dem Institut für Maschinen-Gestaltung und Maschinen-Dynamik
der Technischen Hochschule Aachen
Leiter: Prof. Dr.-Ing. K. Lürenbaum

Die Drehschwingungen des Zweirad-Kettentriebes bei innerer Erregung

Als Manuskript gedruckt

SPRINGER FACHMEDIEN WIESBADEN GMBH

1961

Additional material to this book can be downloaded from http://extras.springer.com

ISBN 978-3-663-15702-1   ISBN 978-3-663-16290-2 (eBook)
DOI 10.1007/978-3-663-16290-2

Gliederung

1. Einführung .... S. 5
2. Theoretischer Teil .... S. 6
    2.1 Die mit der Zahnfrequenz periodischen Vorgänge .... S. 6
    2.2 Die mit der Drehfrequenz der Kettenräder periodischen Vorgänge .... S. 30
    2.3 Die mit der Umlauffrequenz der Kette periodischen Vorgänge .... S. 50
3. Experimenteller Teil .... S. 57
    3.1 Die Steifigkeit und Dämpfung bei Stahlgelenkketten ... S. 57
    3.2 Die Versuchseinrichtung zur Messung der Drehschwingungsvorgänge .... S. 61
    3.3 Die mit der Zahnfrequenz periodischen Vorgänge .... S. 69
    3.4 Die mit der Drehfrequenz der Kettenräder periodischen Vorgänge .... S. 77
    3.5 Die mit der Umlauffrequenz periodischen Vorgänge ..... S. 84
4. Zusammenfassung .... S. 93
Literaturverzeichnis .... S. 95
Formelzeichen .... S. 96

1. Einführung

Die vorliegende Arbeit befaßt sich mit den Drehschwingungen eines Zweirad-Kettentriebes. Dabei sei als Zweirad-Kettentrieb im Zusammenhang der folgenden Untersuchung das in Abbildung 1 gezeigte Ersatzsystem bezeichnet.

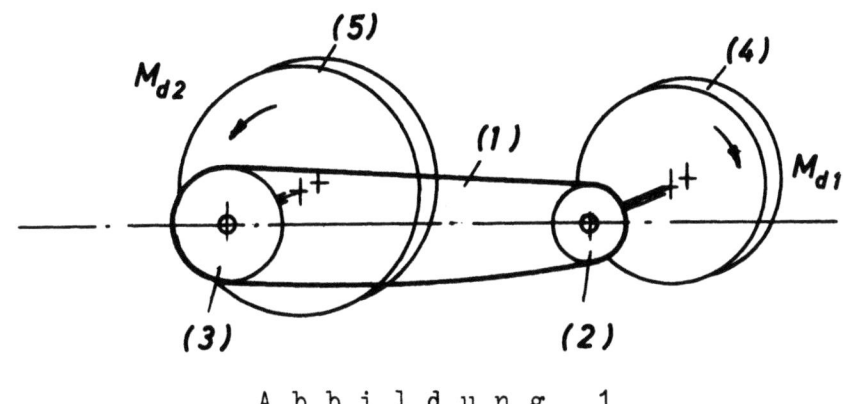

A b b i l d u n g   1

Das Ersatzsystem - Zweirad-Kettentrieb - für die Berechnung von Drehschwingungen

Die Kette (1) dient zur Leistungsübertragung vom treibenden Kettenrad (2) zum getriebenen Rad (3). Die Kette wird als masselose Feder angenommen. Die Kraftmaschine, die auf das treibende Rad wirkt und die Arbeitsmaschine am getriebenen Rad werden zu trägen Drehmassen (4) und (5) zusammengefaßt. Die Wellen zwischen den Drehmassen und den Kettenrädern und die Kettenräder selbst werden als starr angenommen.

Als Drehschwingung seien die Vorgänge bezeichnet, bei denen die treibende und getriebene Welle ihrer gleichförmigen Drehbewegung überlagerte periodische Drehschwingungen ausführen, wodurch die Kette eine schwellende Belastung erfährt.

Das System sei durch die Drehmomente M_{d1} und M_{d2} unter Vorspannung gesetzt. Daraus ergibt sich bei gleichförmiger Drehbewegung der Kettenräder eine konstante Zugkraft in der Kette von der Größe P. Solange die dynamische Lastamplitude in der Kette kleiner als P ist, kann für die Kette eine lineare Federkennlinie als brauchbare Näherung angenommen werden. Sobald die dynamische Lastamplitude größer als P ist, muß der Berechnung eine geknickte, nichtlineare Federkennlinie zugrunde gelegt werden, da die Kette nicht in der Lage ist, Druckbeanspruchungen aufzunehmen. Für die vorliegende Arbeit werden nur die Fälle betrachtet, in denen die dynamische Belastung der Kette kleiner als P ist, da diese Betriebszustände eines Kettentriebes von besonderem praktischen Interesse sind.

Der Zweiradkettentrieb nach Abbildung 1 stellt ein System mit zwei Freiheitsgraden dar. Man erhält also zwei Eigenfrequenzen, wovon die eine gleich Null ist, die andere einen diskreten Wert hat. Im Fall der ersten Eigenfrequenz $\omega_e = 0$ bewegen sich die beiden Wellen gleichsinnig und es tritt keine dynamische Belastung der Kette auf. Bei der zweiten Eigenfrequenz bewegen sich die beiden Wellen gegensinnig, wobei die Kette als Rückstellkraft wirkt.

Als Erregungsursachen des Drehschwingungssystems - Zweirad-Kettentrieb - werden nur diejenigen berücksichtigt, die aus der Eigenart des Kettentriebes resultieren. Äußere Erregungen bspw. durch ungleichförmigen Lauf der Kraft bzw. Arbeitsmaschine werden nicht betrachtet. Dementsprechend sind Gegenstand der Untersuchung alle Vorgänge, die mit der Zahnfrequenz, den Drehfrequenzen der Kettenräder und mit der Umlauffrequenz der Kette periodisch sind und die durch sogenannte innere Erregung des Drehschwingungssystems hervorgerufen werden.

Ziel der Arbeit soll sein, die Drehschwingungsamplituden der treibenden und getriebenen Welle, den Ungleichförmigkeitsgrad der Drehbewegung bei Einsatz eines Kettentriebes und die dynamischen Belastungen der Kette berechenbar zu machen. Dabei wird im einzelnen ein besonderer Wert darauf gelegt, die erhaltenen Gleichungen unter Verzicht auf die Berücksichtigung unwesentlicher Einflüsse in eine für die tägliche Praxis einfache Form zu bringen.

Für das Beispiel einer Kette 12,7 x 6,4 x 7,75 DIN 8187 wird die Theorie einer Reihe von Messungen gegenübergestellt.

2. Theoretischer Teil

2.1 Die mit der Zahnfrequenz periodischen Drehschwingungsvorgänge bei einem Kettentrieb

Einführung

Für einen Zweirad-Kettentrieb ergeben sich im allgemeinen mit der Zahnfrequenz periodische Über- und Unterbelastungen der Kette, die aus der Vieleckwirkung der Kettenräder zu erklären sind. Aus der schwellenden

Kettenbelastung folgt eine mit der Zahnfrequenz periodische Erregung des im Abschnitt 1 beschriebenen Drehschwingungssystems, welche zu Schwingungsvorgängen führt, die im Folgenden näher untersucht werden sollen.

Die Erregerfunktion

Maßgebend für die Erregung des drehschwingenden Systems durch die mit der Zahnfrequenz periodische Schwellast ist die Bewegung der zu einem Zweiradtrieb gehörigen Trumführungspunkte. Dabei seien als Trumführungspunkte (T) die beiden Kettenrollen bezeichnet, die noch mit dem Kettenrad Berührung haben und dem belasteten Trum am engsten benachbart sind.

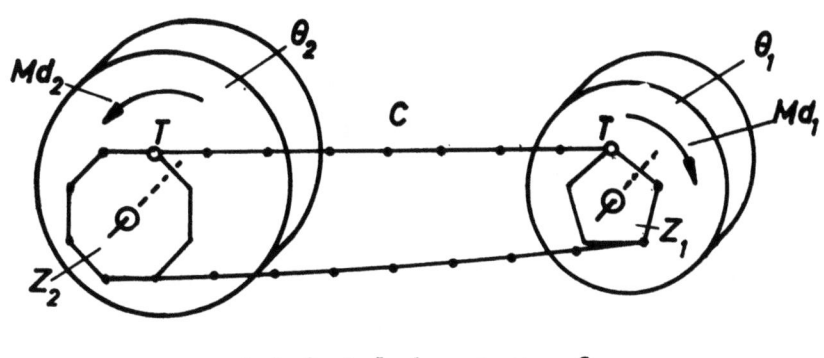

A b b i l d u n g 2

Das Drehschwingungssystem und die Trumführungspunkte T

Bei gleichförmiger Bewegung und gleichgroßer Geschwindigkeit der beiden Trumführungspunkte ist offensichtlich keine schwellende Kettenbelastung zu erwarten. Andererseits läßt sich aus der Differenz zwischen der tatsächlichen ungleichförmigen Bewegung der Trumführungspunkte und einer errechenbaren mittleren gleichförmigen Bewegung die Erregerfunktion bestimmen. Zu diesem Zweck sei also zunächst die Differenz zwischen tatsächlicher ungleichförmiger und mittlerer gleichförmiger Bewegung der Trumführungspunkte bei konstanter Winkelgeschwindigkeit der Kettenräder bestimmt. Dabei wird die laufende Koordinate der translatorischen Bewegung des Trumführungspunktes x und die laufende Koordinate der Drehbewegung des Kettenrades φ von dem Schnittpunkt aus gezählt, der durch die Trumgerade und diejenige Senkrechte auf die Trumgerade gebildet wird, die durch den Mittelpunkt des Kettenrades geht. Damit errechnet sich die translatorische ungleichförmige Bewegung der Trumführungspunkte bei ω = konst. zu:

$$x = r \sin \varphi = r \sin \omega t . \qquad (2.1/1)$$

Die Gleichung gilt für eine Eingriffsperiode, die durch die Schranken

$$-\alpha < \varphi < +\alpha$$

gekennzeichnet ist.

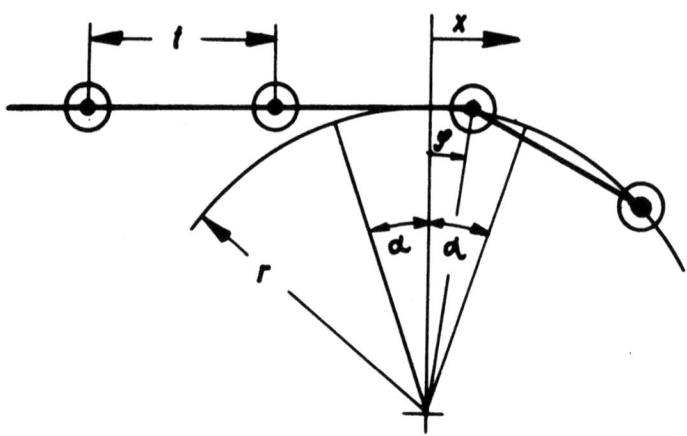

Abbildung 3

Die tatsächliche translatorische Bewegung
des Trumführungspunktes

Trägt man die tatsächliche ungleichförmige Bewegung des Trumführungspunktes über einer Eingriffsperiode auf, dann findet man die Gleichung einer gedachten gleichförmigen Bewegung des Kettentrums in folgender Form gegeben:

$$x_m = r \frac{\sin\alpha}{\alpha} \varphi \ . \tag{2.1/2}$$

Auch sie gilt für eine Eingriffsperiode mit den folgenden Schranken.

$$-\alpha < \varphi < +\alpha$$

Die Differenz zwischen der tatsächlichen ungleichförmigen und der gedachten gleichförmigen Bewegung errechnet sich zu:

$$\Delta x_z(\varphi) = r\left(\sin\varphi - \frac{\sin\alpha}{\alpha}\varphi\right) \qquad -\alpha < \varphi < +\alpha \tag{2.1/3}$$

$\Delta x_z(\varphi)$ bestimmt die Erregerfunktion für das treibende und getriebene Rad. Um diese in die Schwingungsgleichung einsetzen zu können, wird $\Delta x_z(\varphi)$ nach FOURIER entwickelt. Es handelt sich um eine ungerade Funktion, für die die Bedingung $f(x) = -f(-x)$ gilt. Man erhält bei der

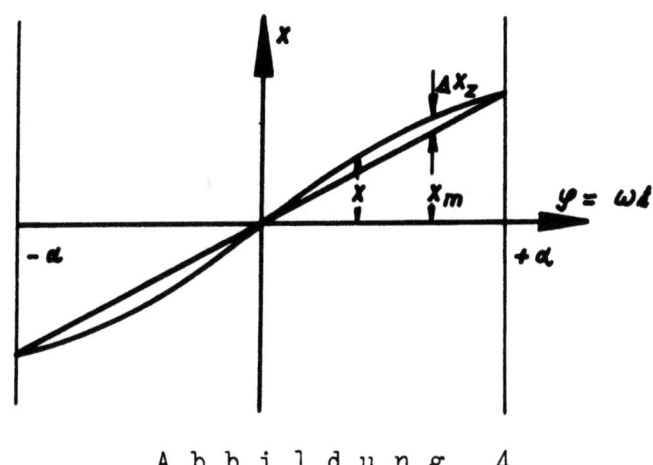

Abbildung 4

Die ungleichförmige und gedachte gleichförmige Bewegung
des Trumführungspunktes

Reihenentwicklung nur Sinusglieder, deren Koeffizienten b_ν folgende Größe haben:

$$b_\nu = \frac{1}{\alpha} \int_{-\alpha}^{+\alpha} \Delta x_z(\varphi) \sin \frac{\pi\nu\varphi}{\alpha} d\varphi \qquad \nu = 1,2,3\cdots$$

mit $\quad 2r\sin\alpha = t \quad$ folgt $\quad b_\nu = 2r\sin\alpha(-1)^\nu \left[\dfrac{\pi\nu}{\alpha^2(1-\frac{\pi^2\nu^2}{\alpha^2})} + \dfrac{1}{\pi\nu} \right]$

$$b_\nu = (-1)^\nu t \frac{1}{\pi\nu(1-\nu^2 z^2)}$$

Die Fourierreihe lautet:

$$\Delta x_z(\varphi) = \sum_{\nu=1}^{\infty} (-1)^\nu \frac{t}{\pi\nu(1-\nu^2 z^2)} \sin \frac{\pi\nu}{\alpha}\varphi$$

oder als Funktion der Zeit:

$$\Delta x_z(\omega t) = \sum_{\nu=1}^{\infty} (-1)^\nu \frac{t}{\pi\nu(1-\nu^2 z^2)} \sin \nu z \omega t . \qquad (2.1/4)$$

Die Schwingungsgleichung

Vor dem Aufstellen der Schwingungsgleichung sei zur Vereinfachung das Drehschwingungssystem reduziert auf ein translatorisch schwingendes Zweimassensystem. Die gleichförmige Vorwärtsbewegung der Kette mit der mittleren Geschwindigkeit x_m braucht nicht berücksichtigt zu werden. Als Erregung wird die Relativbewegung der Trumführungspunkte Δx_z eingesetzt. Das so vereinfachte System ist in Abbildung 5 gezeigt:

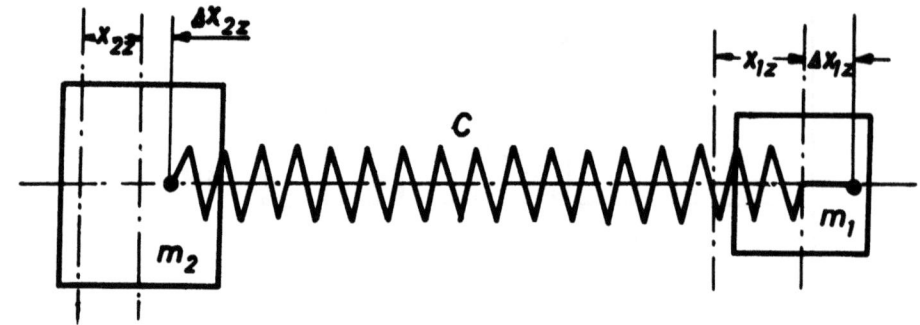

Abbildung 5

Das der Rechnung zugrunde gelegte translatorische Schwingungssystem

Der Ansatz von NEWTON ergibt die folgenden Differentialgleichungen:

$$m_1\ddot{\tilde{x}}_{1z} = -c(\tilde{x}_{1z} + \Delta x_{1z} - \tilde{x}_{2z} - \Delta x_{2z}) \qquad m_1\ddot{\tilde{x}}_{1z} + c(\tilde{x}_{1z} - \tilde{x}_{2z}) = c(\Delta x_{2z} - \Delta x_{1z})$$

$$m_2\ddot{\tilde{x}}_{2z} = -c(\tilde{x}_{2z} + \Delta x_{2z} - \tilde{x}_{1z} - \Delta x_{1z}) \qquad m_2\ddot{\tilde{x}}_{2z} + c(\tilde{x}_{2z} - \tilde{x}_{1z}) = c(\Delta x_{1z} - \Delta x_{2z}) \qquad (2.1/5)$$

Dabei ist:

$$\Delta x_{1z} = \frac{t}{\pi}\sum_{\nu=1}^{\infty}(-1)^{\nu}\frac{\sin\nu z_1\omega_1 t}{\nu(1-\nu^2 z_1^2)}$$

$$\Delta x_{2z} = \frac{t}{\pi}\cdot\sum_{\nu=1}^{\infty}(-1)^{\nu}\frac{\sin\nu(z_2\omega_2 t - 2\pi\xi)}{\nu(1-\nu^2 z_2^2)} \qquad (2.1/6)$$

mit

$$\xi = \frac{\varepsilon_z}{2\alpha}.$$

ξ ist der Gliederzahlbeiwert. ε_z ist die Phasenverschiebung zwischen der Relativbewegung am Trumführungspunkt 1 und 2.

Für eine Trumlänge, die einem Vielfachen der ganzen Kettenteilung entspricht, ist $\xi = 0$ bzw. 1 und $\varepsilon_z = 0$. Für eine Trumlänge, die einem ungeraden Vielfachen der halben Kettenteilung entspricht, ist $\xi = 0{,}5$ und $\varepsilon_z = \pi$.

Die Erregungsfunktion der Differentialgleichung (2.1/5) des Zweimassenschwingers wird nach wenigen Umformungen in folgende Form gebracht:

$$\Delta x_{1z} \pm \Delta x_{2z} = \mp\frac{t}{\pi}\sum_{\nu=1}^{\infty}(-1)^{\nu}\frac{(1-\nu^2 z_2^2)-(1-\nu^2 z_1^2)\cos 2\pi\nu\xi}{\nu(1-\nu^2 z_1^2)(1-\nu^2 z_2^2)}\sin\nu\omega_z t \mp \frac{t}{\pi}\sum_{\nu=1}^{\infty}(-1)^{\nu}\frac{\sin 2\pi\nu\xi}{\nu(1-\nu^2 z_2^2)}\cos\nu\omega_z t$$

oder:

$$\Delta x_{1z} - \Delta x_{2z} = A \sin \nu \omega_z t + B \cos \nu \omega_z t$$
$$\Delta x_{2z} - \Delta x_{1z} = -A \sin \nu \omega_z t - B \cos \nu \omega_z t \qquad (2.1/7)$$

Damit lautet die Gleichung (2.1/5)

$$m_1 \ddot{\tilde{x}}_{1z} + c(\tilde{x}_{1z} - \tilde{x}_{2z}) = c(A \sin \nu \omega_z t + B \cos \nu \omega_z t)$$
$$m_2 \ddot{\tilde{x}}_{2z} + c(\tilde{x}_{2z} - \tilde{x}_{1z}) = -c(A \sin \nu \omega_z t + B \cos \nu \omega_z t) \;.$$

Die Lösung wird in Form des Störgliedes angesetzt:

$$\tilde{x}_{1z} = G_z \sin \nu \omega_z t + H_z \cos \nu \omega_z t$$
$$\tilde{x}_{2z} = -g_z \sin \nu \omega_z t - h_z \cos \nu \omega_z t \;. \qquad (2.1/8)$$

Durch Einsetzen des Lösungsansatzes in Gleichung (2.1/5) erhält man die Koeffizienten:

$$G_z = -AV_1 \frac{V_2 - 1}{V_2 V_1 - 1} \qquad\qquad H_z = -BV_1 \frac{V_2 - 1}{V_2 V_1 - 1}$$

$$g_z = -AV_2 \frac{V_1 - 1}{V_2 V_1 - 1} \qquad\qquad h_z = -BV_2 \frac{V_1 - 1}{V_2 V_1 - 1}$$

Dabei entsprechen V_1 und V_2 den folgenden Ausdrücken:

$$V_1 = \frac{1}{1 - \dfrac{\nu^2 \omega_z^2 m_1}{c}} \qquad\qquad V_2 = \frac{1}{1 - \dfrac{\nu^2 \omega_z^2 m_1}{c}} \qquad (2.1/8a)$$

Die Lösung der Gleichung (2.1/5) beträgt:

$$\tilde{x}_{1z} = -AV_1 \frac{V_2 - 1}{V_1 V_2 - 1} \sin \nu \omega_z t - BV_1 \frac{V_2 - 1}{V_1 V_2 - 1} \cos \nu \omega_z t$$

$$\tilde{x}_{2z} = +AV_2 \frac{V_1 - 1}{V_1 V_2 - 1} \sin \nu \omega_z t + BV_2 \frac{V_1 - 1}{V_1 V_2 - 1} \cos \nu \omega_z t$$

oder in anderer Schreibweise:

$$\tilde{x}_{1z} = -\sqrt{A^2 + B^2}\, V_1 \frac{V_2 - 1}{V_1 V_2 - 1} \sin(\nu \omega_z t - \zeta)$$

$$\zeta = \operatorname{arctg} \frac{A}{B} \qquad (2.1/9)$$

$$\tilde{x}_{2z} = +\sqrt{A^2 + B^2}\, V_2 \frac{V_1 - 1}{V_1 V_2 - 1} \sin(\nu \omega_z t - \zeta)$$

Dabei ist ζ die Phasendifferenz zwischen den Amplituden x_{1z} und x_{2z} und der periodischen Abweichung der tatsächlichen ungleichförmigen Bewegung des Trumführungspunkts am treibenden Rad von der gedachten gleichförmigen Bewegung (Δx_{1z}). Da aber für den Inhalt der Untersuchung die Phasendifferenz ζ ohne praktische Bedeutung ist, sei der Beginn der Zeitrechnung so definiert, daß ζ zu Null wird.

Die Resonanzfrequenzen errechnen sich aus der Bedingung:

$$V_1 V_2 - 1 = 0 \quad \text{zu:}$$

$$\frac{1}{1-\frac{m_1 \nu^2 \omega_z^2}{c}} \frac{1}{1-\frac{m_2 \nu^2 \omega_z^2}{c}} = 1 \qquad \omega_{z_{res}}^2 = \frac{c}{\nu^2}\left(\frac{1}{m_1} + \frac{1}{m_2}\right) \qquad (2.1/10)$$

Die mit der Zahnfrequenz periodische, dynamische Kettenbelastung beträgt:

$$P_z = m_1 \ddot{\tilde{x}}_{1z} = m_1 \nu^2 \omega_z^2 \sqrt{A^2+B^2}\; V_1 \frac{V_2-1}{V_1 V_2 -1} \sin \nu \omega_z t$$

oder

$$P_z = m_2 \ddot{\tilde{x}}_{2z} = -m_2 \nu^2 \omega_z^2 \sqrt{A^2+B^2}\; V_2 \frac{V_1-1}{V_1 V_2 -1} \sin \nu \omega_z t \,. \qquad (2.1/11)$$

Der in den Gleichungen (2.1/9) und (2.1/11) auftretende Wurzelausdruck hat folgende Größe:

$$\sqrt{A^2+B^2} = \sum_{\nu=1}^{\infty} (-1)^\nu \frac{t}{\pi} \sqrt{\left[\frac{(1-\nu^2 z_2^2)-(1-\nu^2 z_1^2)\cos 2\pi \nu \xi}{\nu(1-\nu^2 z_2^2)(1-\nu^2 z_1^2)}\right]^2 + \left[\frac{\sin 2\pi \nu \xi}{\nu(1-\nu^2 z_2^2)}\right]^2}$$

$$\sqrt{A^2+B^2} = \sum (-1)^\nu \frac{t}{\pi} \frac{\sqrt{\varkappa^2 - 2\varkappa \cos 2\pi \nu \xi + 1}}{\nu(1-\nu^2 z_2^2)} \qquad (2.1/12)$$

wobei $\varkappa = \dfrac{1-\nu^2 z_2^2}{1-\nu^2 z_1^2}$ beträgt.

Durch Einsetzen von $\varphi = \dfrac{x}{r}$; $\Theta = m \cdot r^2$

kann das auf translatorische Bewegungen reduzierte System wieder zu dem interessierenden Drehschwingungssystem-Zweiradkettentrieb- umgeformt werden. Auf diese Weise erhält man die exakten Lösungen für die Drehschwingungsamplituden an den beiden Wellen

$$\tilde{\varphi}_{1z} = -\frac{t}{\pi \cdot r_1} \sum_{\nu=1}^{\infty} (-1)^\nu \frac{\sqrt{\varkappa^2 - 2\varkappa \cos 2\pi \nu \xi + 1}}{\nu(1-\nu^2 z_2^2)} V_1 \frac{V_2-1}{V_1 V_2 -1} \sin \nu \omega_z t$$

$$\varphi_{2z} = +\frac{t}{\pi \cdot r_2} \sum_{\nu=1}^{\infty} (-1)^{\nu} \frac{\sqrt{\varkappa^2 - 2\varkappa \cos 2\pi \nu \xi + 1}}{\nu(1-\nu^2 z_2^2)} V_2 \frac{V_1-1}{V_1 V_2 -1} \sin \nu \omega_z t \qquad (2.1/13)$$

für die mit der Zahnfrequenz periodischen dynamischen Längskräfte in der Kette:

$$P_z = \frac{\theta_1 \cdot t}{r_1^2 \cdot \pi} \sum_{\nu=1}^{\infty} (-1)^{\nu} \frac{\sqrt{\varkappa^2 - 2\varkappa \cos 2\pi \xi + 1}}{\nu(1-\nu^2 z_2^2)} V_1 \frac{V_2-1}{V_1 V_2 -1} \nu^2 \omega_z^2 \sin \nu \omega_z t$$

oder:

$$P_z = \frac{-\theta_2 t}{r_2^2 \pi} \sum_{\nu=1}^{\infty} (-1)^{\nu} \frac{\sqrt{\varkappa^2 - 2\varkappa \cos 2\pi \nu \xi + 1}}{\nu(1-\nu^2 z_2^2)} V_2 \frac{V_1-1}{V_1 V_2 -1} \nu^2 \omega_z^2 \sin \nu \omega_z t \qquad (2.1/14)$$

und die Resonanzfrequenz:

$$\omega_{z,res}^2 = \frac{c}{\nu^2} \left(\frac{r_1^2}{\theta_1} + \frac{r_2^2}{\theta_2} \right) . \qquad (2.1/15)$$

Wobei die folgenden Ausdrücke einzusetzen sind:

$$V_1 = \frac{1}{1- \frac{\nu^2 \omega_z^2 \theta_1}{c \cdot r_1^2}} \; ; \qquad V_2 = \frac{1}{1- \frac{\nu^2 \omega_z^2 \theta_2}{c \cdot r_2^2}} \; ; \qquad \varkappa = \frac{1-\nu^2 z_2^2}{1-\nu^2 z_1^2} .$$

Die Gleichungen (2.1/13 bis 15) geben ein vollständiges Bild von dem dynamischen Verhalten eines Zweiradkettentriebes, der mit der Zahnfrequenz zu Drehschwingungen erregt wird.

Die folgenden Betrachtungen sollen dazu dienen, die obenstehenden Gleichungen zu analysieren und zu vereinfachen, so daß die Berechnung der interessierenden Größen mit einfachen Mitteln möglich wird.

<u>Die Resonanzfrequenz</u>

Die in Gleichung (2.1/15) angegebene Resonanzfrequenz ergibt ν Werte, wobei allerdings die Erregung mit der Zahnfrequenz ($\nu = 1$) die hervorragende Bedeutung haben dürfte. Aus diesem Grunde soll in Zukunft auch nur der Fall $\nu = 1$ betrachtet werden. Setzt man die folgenden Verhältniswerte ein:

$$i = \frac{z_2}{z_1} = \text{Übersetzungsverhältnis}$$

$$j = \frac{\theta_1}{\theta_2} = \text{Massenverhältnis}$$

$$c_{spez} = \frac{c}{L_T} = \text{spez. Kettensteifigkeit}$$

dann erhält man für die Kreisfrequenz $\omega_{z\,res}$ den folgenden Ausdruck:

$$\omega_e = \omega_{z\,res} = \sqrt{\frac{c_{spez} \cdot r_1^2}{L_T \cdot \Theta_1}(1+i^2 j)} \quad . \tag{2.1/16}$$

Die Resonanzfrequenz in Hertz beträgt:

$$f_{z\,res} = \frac{r_1}{2\pi}\sqrt{\frac{c_{spez}}{L_T \cdot \Theta_1}(1+i^2 j)} \quad . \tag{2.1/17}$$

Die Resonanzdrehzahl der Welle 1 ist:

$$n_{z1\,res} = \frac{30 \cdot r_1}{\pi \cdot z_1}\sqrt{\frac{c_{spez}}{L_T \cdot \Theta_1}(1+i^2 j)} = \frac{15 t}{\pi^2}\sqrt{\frac{c_{spez}}{L_T \cdot \Theta_1}(1+i^2 j)} \quad . \tag{2.1/18}$$

Die Resonanzdrehzahl der Welle 2 beträgt:

$$n_{z2\,res} = \frac{30 \cdot r_1}{\pi \cdot z_2}\sqrt{\frac{c_{spez}}{L_T \cdot \Theta_1}(1+i^2 j)} = \frac{15 t}{\pi^2 \cdot i}\sqrt{\frac{c_{spez}}{L_T \cdot \Theta_1}(1+i^2 j)} \quad . \tag{2.1/19}$$

<u>Die Drehschwingungsamplituden der Wellen</u>

Zunächst wird der Ausdruck der Gleichung (2.1/13) herangezogen, der für die Summenbildung der Fourierglieder maßgebend ist. Dieser lautet:

$$\frac{\Sigma F_\nu}{z_2^2} = \sum_{\nu=1}^{\infty}(-1)^\nu \sqrt{\frac{\varkappa^2 - 2\varkappa \cos 2\pi\nu\xi + 1}{\nu(1-\nu^2 z_2^2)}} \sin\nu\omega_z t \quad .$$

Berücksichtigt man, daß: $\nu^2 z^2 \gg 1$ ist, dann folgt:

$$\nu(1-\nu^2 z_2^2) \approx -\nu^3 z_2^2 \quad \text{und} \quad \varkappa = \frac{1-\nu^2 z_2^2}{1-\nu^2 z_1^2} \approx \frac{z_2^2}{z_1^2} = i^2 \quad .$$

Damit wird:

$$\frac{\Sigma F_\nu}{z_2^2} = \sum_{\nu=1}^{\infty}(-1)^\nu \frac{\sqrt{i^4 - 2i^2 \cos 2\pi\nu\xi + 1}}{-\nu^3 z_2^2} \sin\nu\omega_z t$$

oder

$$\Sigma F_\nu = \frac{\sum_{\nu=1}^{\infty}(-1)^\nu}{-\nu^3}\sqrt{i^4 - 2i^2 \cos 2\pi\nu\xi + 1}\, \sin\nu\omega_z t \tag{2.1/20}$$

Die Amplituden der Fourierglieder $\hat{F}$ der Gleichung (2.1/20) hängen von dem Übersetzungsverhältnis des Triebes i und dem Gliederzahlbeiwert ξ ab. Die ersten drei Glieder haben die folgende Größe:

$$\begin{aligned}\hat{F}_1 &= +1\sqrt{i^4 - 2i^2 \cos 2\pi\xi + 1} \\ \hat{F}_2 &= -\frac{1}{8}\sqrt{i^4 - 2i^2 \cos 4\pi\xi + 1} \qquad = f(i;\xi) \\ \hat{F}_3 &= +\frac{1}{27}\sqrt{i^4 - 2i^2 \cos 6\pi\xi + 1} \quad .\end{aligned} \tag{2.1/21}$$

Zur besseren Beurteilung der Gleichungen (2.1/21) sind die Amplituden der ersten drei Fourierglieder über dem Gliederzahlbeiwert ξ in Abbildung 6 aufgetragen. Als Parameter sind die speziellen Übersetzungsver-

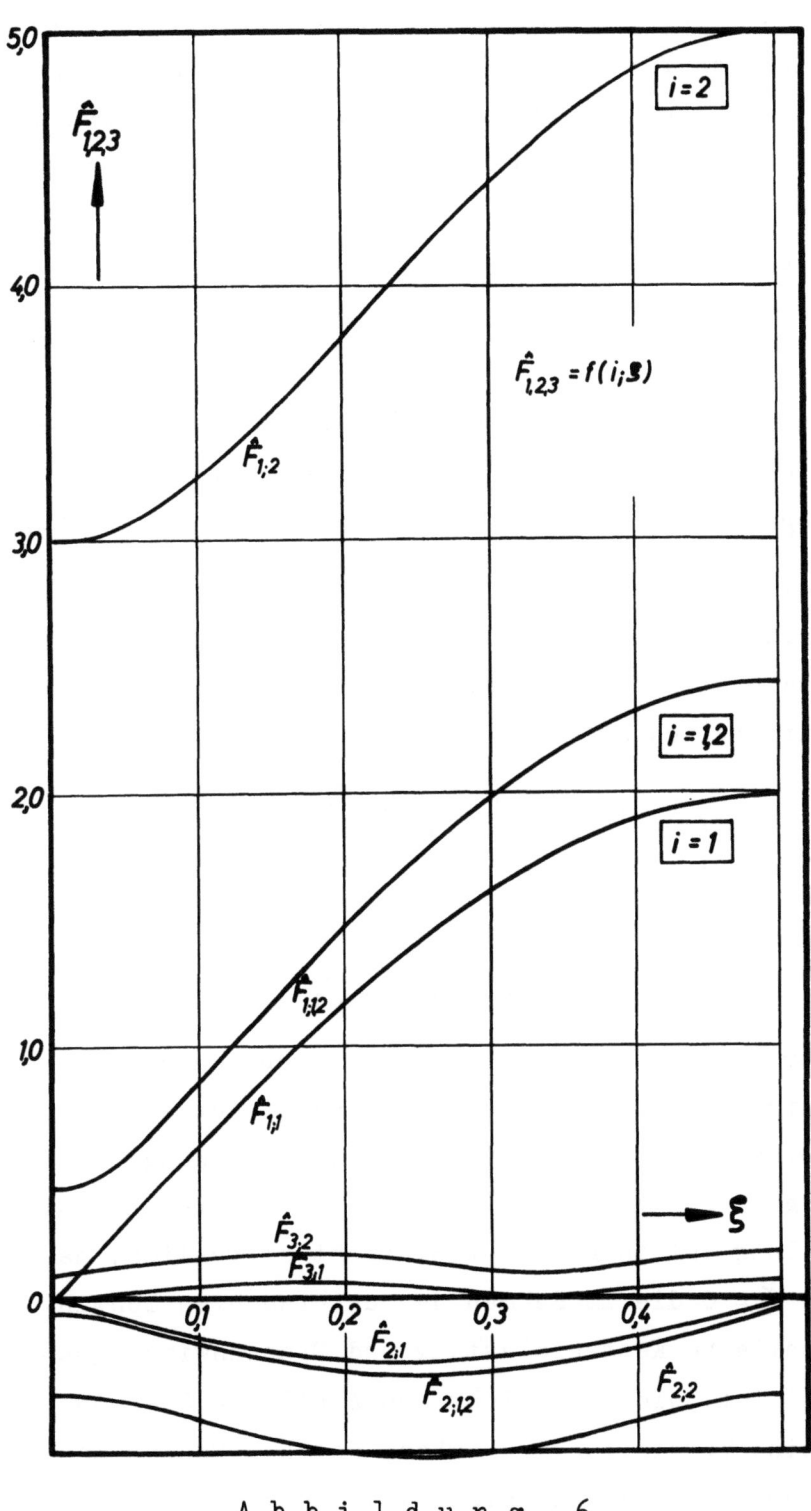

Abbildung 6

hältnisse i = 1 - 1,2 - 2 - eingetragen. Man erkennt, daß F_1 mit wachsendem Übersetzungsverhältnis und mit einem bis 0,5 wachsenden Gliederzahlbeiwert ansteigt. Die Glieder F_2 und folgende steigen mit steigendem Übersetzungsverhältnis.

Das Ansteigen aller Fourierglieder mit wachsendem Übersetzungsverhältnis ist verständlich, da für die vorliegende Betrachtung die Zähnezahl des getriebenen Rades konstant gehalten ist durch Ausklammern von z_2 in der Gleichung (2.1/20). Dann bedeutet ein wachsendes Übersetzungsverhältnis eine abnehmende Zähnezahl des treibenden Rades (z_1) und damit ein verstärkter Vieleckeffekt des Kettentriebes.

Das Anwachsen der Fourieramplituden mit bis zu $\xi = 0,5$ anwachsendem Gliederzahlbeiwert ist ebenfalls berechtigt, da bei $\xi = 0,5$ die Phasendifferenz zwischen den ΔxWerten des treibenden und getriebenen Rades maximal ist und damit eine maximale Schwellbelastung der Kette vorliegt, die zu größtmöglichen Schwingamplituden des betrachteten Systems führt.

Für die Beurteilung der Konvergenz der Fourierglieder bei verschiedenen Übersetzungsverhältnissen und Gliederzahlbeiwerten wird der Quotient aus dem zweiten und ersten Fourierglied bzw. der Quotient aus dem dritten und ersten Fourierglied aufgestellt und betrachtet:

$$\frac{\hat{F}_2}{\hat{F}_1} = -\frac{1}{8} \frac{\sqrt{i^4 - 2i^2 \cos 4\pi \xi + 1}}{\sqrt{i^4 - 2i^2 \cos 2\pi \xi + 1}} = f(i;\xi)$$

$$\frac{\hat{F}_3}{\hat{F}_1} = +\frac{1}{27} \frac{\sqrt{i^4 - 2i^2 \cos 6\pi \xi + 1}}{\sqrt{i^4 - 2i^2 \cos 2\pi \xi + 1}} = f(i;\xi) \quad . \qquad (2.1/22)$$

Der Verlauf der Funktionen (2.1/22) ist in Abbildung 7 über dem Gliederzahlbeiwert aufgetragen. Als Parameter sind wieder einige charakteristische Übersetzungsverhältnisse eingezeichnet. Aus Abbildung 7 ist zu ersehen, daß die Konvergenz für den Fall i = 1 und ξ = 0 die ungünstigste ist. Diese Feststellung ist in gewisser Hinsicht erfreulich, da für den Grenzfall i = 1 und ξ = 0 die im Rahmen des untersuchten Schwingungssystems errechnete dynamische Kettenbelastung und Drehschwingungsamplitude ohnehin gleich Null ist, wie man leicht aus Abbildung 6 erkennen kann. Um andererseits eine Vorstellung zu haben, welchen Fehler man macht, wenn man für ein Übersetzungsverhältnis i = 1 und kleine Werte von ξ zur Berechnung der dynamischen Kenngrößen $P_z; \varphi_{1z}; \varphi_{2z}$ nur das erste Glied der Fourierreihe berücksichtigt, sei der angegebene Grenzfall besonders betrachtet.

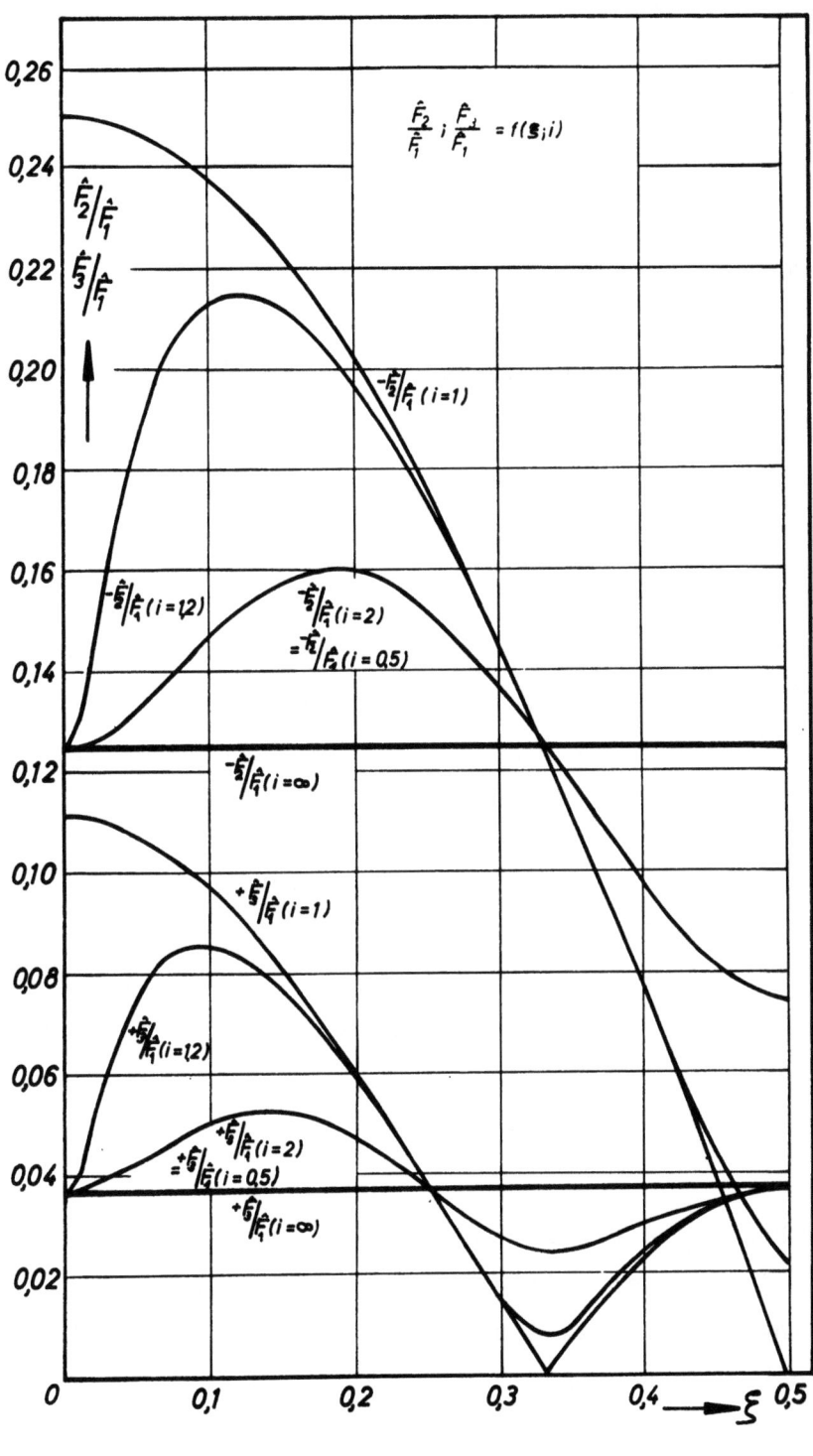

Abbildung 7

Hier ergibt das Verhältnis:

$$\frac{\hat{F}_\nu}{\hat{F}_1}\binom{\xi \to 0}{i = 1} = -\frac{(-1)^\nu}{\nu^3} \frac{\sqrt{1-\cos 2\pi\nu\xi}}{\sqrt{1-\cos 2\pi\xi}} = \frac{0}{0} \qquad (2.1/23)$$

einen unbestimmten Ausdruck, dessen Wert man durch Quadrieren und differenzieren erhält:

$$\left(\frac{d\hat{F}_\nu/d\xi}{d\hat{F}_1/d\xi}\right)^2_{\xi\to 0} = -\left[\frac{(-1)^\nu}{\nu^3}\right]^2 \frac{2\pi\nu\sin 2\pi\nu\xi}{2\pi\sin 2\pi\xi}_{(\xi\to 0)} \cong -\left[\frac{(-1)^\nu}{\nu^3}\right]^2 \frac{\nu 2\pi\nu\xi}{2\pi\xi}_{(\xi\to 0)}$$

$$\left(\frac{d^2\hat{F}_\nu/d\xi^2}{d^2\hat{F}_1/d\xi^2}\right)^2 = -\left[\frac{(-1)^\nu}{\nu^3}\right]^2 \cdot \nu^2$$

$$\frac{\hat{F}_\nu}{\hat{F}_1}_{(\xi\to 0)} = \frac{d^2\hat{F}_\nu/d\xi^2}{d^2\hat{F}/d\xi^2}_{(\xi\to 0)} = -\frac{(-1)^\nu}{\nu^2} \qquad (2.1/24)$$

Die ersten drei Quotienten im Grenzfall i = 1 und $\xi \to 0$ lauten:

$$\frac{\hat{F}_2}{\hat{F}_1} = -\frac{1}{4} \qquad \frac{\hat{F}_3}{\hat{F}_1} = +\frac{1}{9} \qquad \frac{\hat{F}_4}{\hat{F}_1} = -\frac{1}{16}$$

Trägt man die Summe der ersten zehn Glieder der Fourierreihe nach Gleichung (2.1/20) über einer halben Eingriffsperiode $0 < \omega_z \mathcal{A} < \pi$ auf, dann erhält man den in Abbildung 8 gezeigten Verlauf. Dabei ist die Amplitude der resultierenden Funktion $\sum_{\nu=1}^{10} \frac{F_\nu}{\hat{F}_1}$ nur unwesentlich größer als die Amplitude, die man bei ausschließlicher Berücksichtigung des ersten Fouriergliedes erhalten hätte. Allerdings ist die resultierende Funktion nicht harmonisch und gegenüber dem ersten Fourierglied verzerrt. Da aber im allgemeinen nur die Amplitude interessiert, kann man mit gutem Recht auch in dem ungünstigsten Grenzfall i = 1 und $\xi = 0$ für die Berechnung der Drehschwingungsamplitude allein das erste Glied der Fourierreihe benutzen.

Um für diese These, die die Berechnung der Drehamplituden des Drehschwingungssystems - Zweiradkettentrieb - wesentlich vereinfacht, weitere Beweise zu erbringen, seien zwei andere charakteristische Grenzfälle untersucht, bei denen die Konvergenz der Fourierreihe schneller verläuft. Zunächst sei der Fall $i = \infty$ betrachtet. Hier gilt:

$$2i^2\cos 2\pi\nu\xi_{(i\to\infty)} \ll i^4 \; ; \quad 1 \ll i^4$$

mit
$$\frac{\hat{F}_\nu}{\hat{F}_1} = -\frac{(-1)^\nu}{\nu^3}\frac{i^2}{i^2} = -\frac{(-1)^\nu}{\nu^3} \qquad (2.1/25)$$

$$\frac{\hat{F}_2}{\hat{F}_1} = -\frac{1}{8} \; ; \quad \frac{\hat{F}_3}{\hat{F}_1} = +\frac{1}{27}$$

$$\frac{\hat{F}_4}{\hat{F}_1} = -\frac{1}{64} \; ; \quad \frac{\hat{F}_5}{\hat{F}_1} = +\frac{1}{125}$$

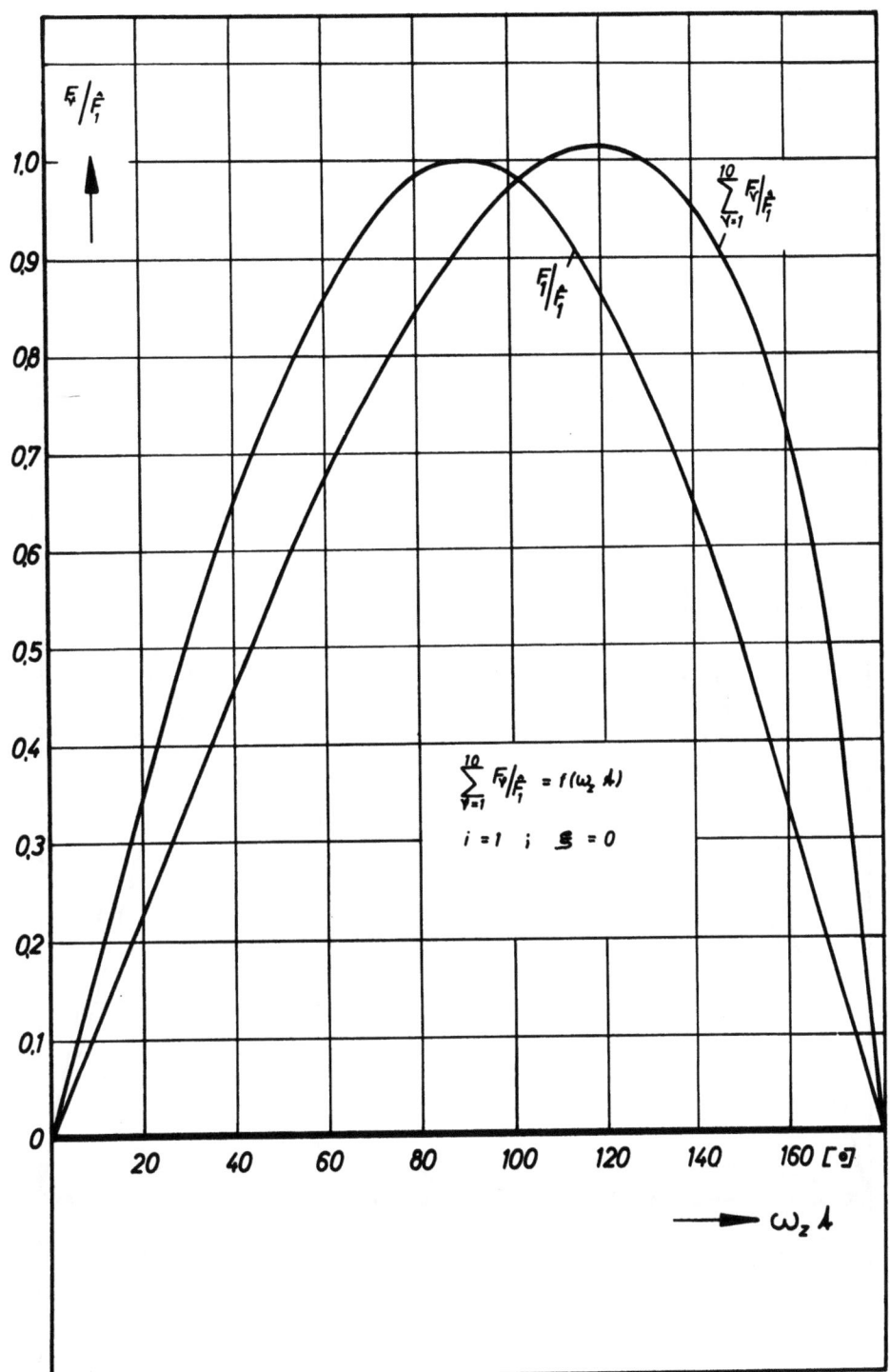

Abbildung 8

In Abbildung 9 sind die ersten vier Glieder der Fourierreihe überlagert und über einer halben Eingriffsperiode aufgetragen. Man erkennt wieder eine unbedeutende Abweichung der Amplitude der resultierenden Funktion von der Amplitude der ersten Harmonischen. Ebenso ist wieder eine nichtsymmetrische Verzerrung der Funktion zu beobachten. Der letzte betrachtete Grenzfall mit i = 1 und ξ = 0,5 zeigt eine Besonderheit. Die Amplituden der Fourierglieder mit gerader Ordnungszahl werden zu Null.

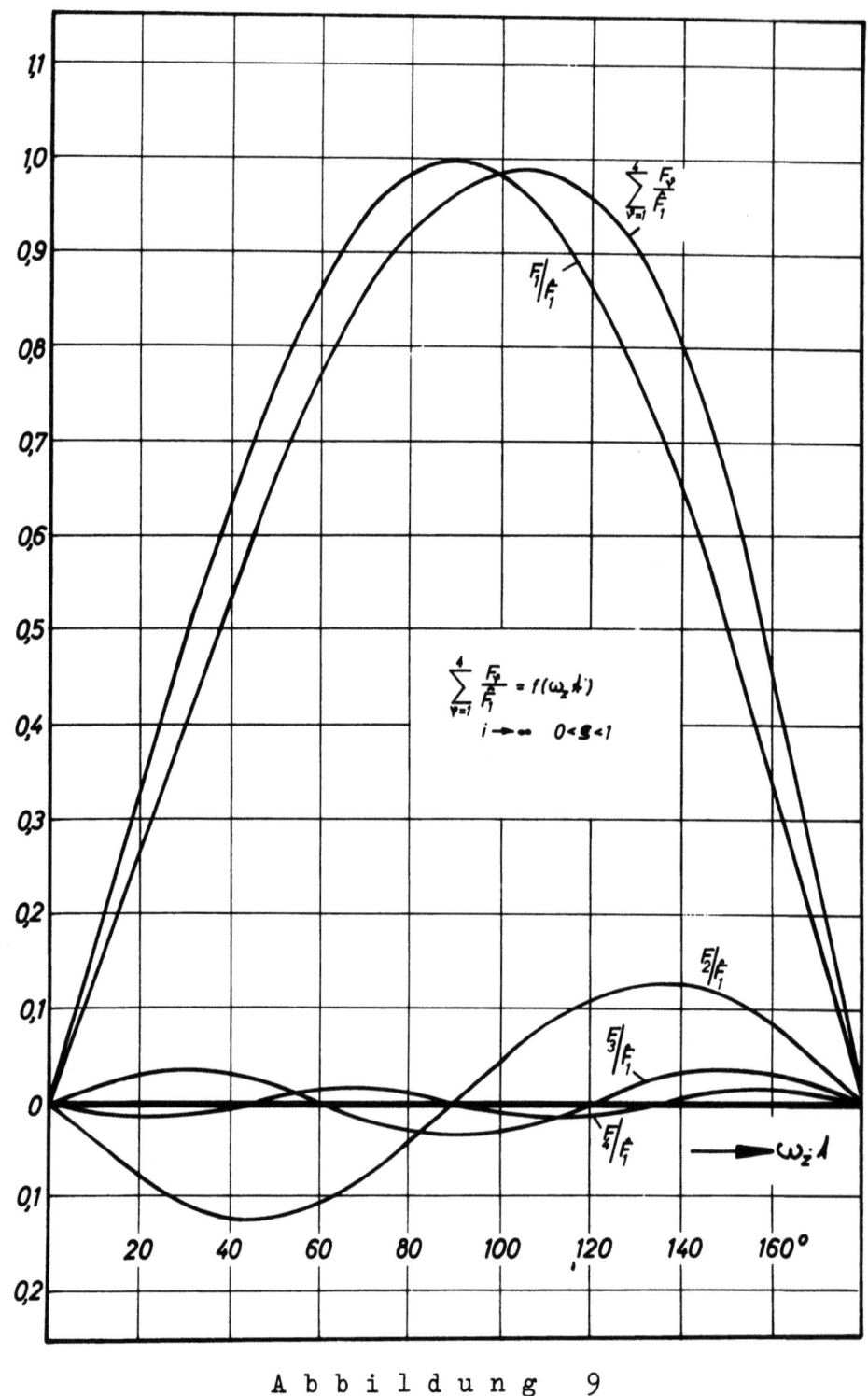

Abbildung 9

Daraus ergibt sich eine symmetrische Verzerrung der resultierenden Funktion gegenüber der ersten Harmonischen, wie aus Abbildung 10 zu erkennen ist.

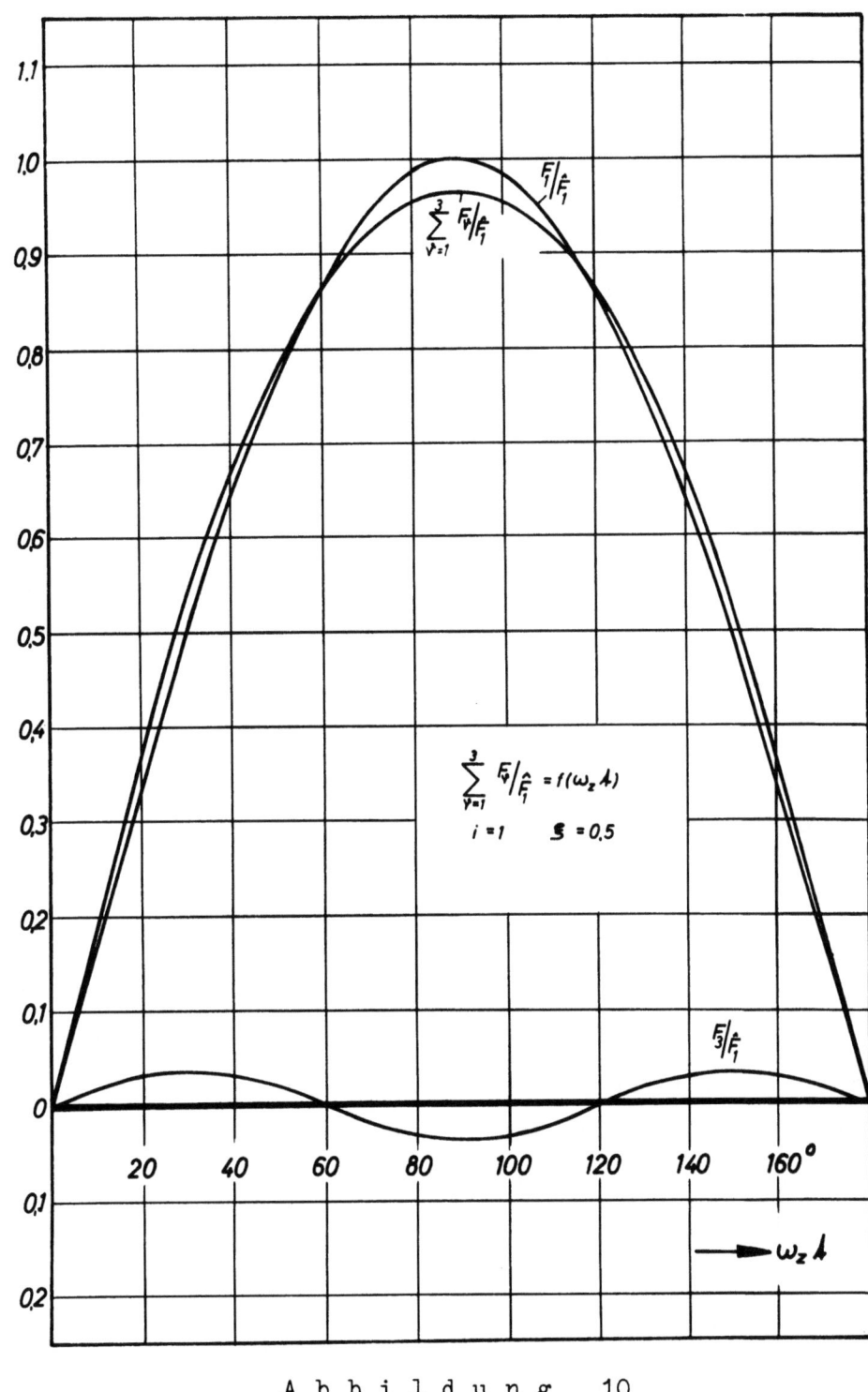

Abbildung 10

Das Amplitudenverhältnis berechnet sich für den Grenzfall $i = 1$ und $\xi = 0,5$ zu:

$$\frac{\hat{F}_\nu}{\hat{F}_1} = -\frac{(-1)^\nu}{\nu^3}\frac{\sqrt{2-2\cos\pi\nu}}{\sqrt{2-2\cos\pi}} \quad ; \qquad \frac{\hat{F}_\nu}{\hat{F}_1} = 0 \quad \text{bei} \quad \nu = 2, 4, 6 \ldots$$

$$\frac{\hat{F}_3}{\hat{F}_1} = \frac{1}{27} \qquad \frac{\hat{F}_5}{\hat{F}_1} = \frac{1}{125} \qquad \frac{\hat{F}_7}{\hat{F}_1} = \frac{1}{343} \quad .$$

Zusammenfassend kann also gesagt werden, daß die Glieder der Fourierreihe eine konvergente Folge darstellen. Der Verlauf der resultierenden Funktion ist verzerrt gegenüber der ersten Harmonischen. Die Verzerrung ist unsymmetrisch bei relativ großen Werten von $\hat{F}_2/\hat{F}_1$; d.h. bei ξ Werten, die in der Nähe von 0 bzw. 1 liegen. Die Verzerrung ist symmetrisch bei kleinen Werten von $\hat{F}_2/\hat{F}_1$, d.h. bei ξ Werten in der Nähe von 0,5 und kleinen Übersetzungsverhältnissen im Bereich von $i = 1$.

Die Amplitude der resultierenden Funktion ist nur unwesentlich verändert gegenüber der Amplitude der ersten Harmonischen. Der Fehler ist kleiner als 5 %, den man macht, wenn man statt der Amplitude der resultierenden Funktion die Amplitude der ersten Harmonischen einsetzt.

Aus diesem Grund können die Amplituden der Gleichung (2.1/13) in folgender vereinfachter Form geschrieben werden:

$$\hat{\tilde{\varphi}}_{1z} = -\frac{t}{\pi \cdot r_1 \cdot z_2^2}\sqrt{i^4 - 2i^2\cos 2\pi\xi + 1}\; V_1 \frac{V_2 - 1}{V_1 V_2 - 1}$$

$$\hat{\tilde{\varphi}}_{2z} = +\frac{t}{\pi \cdot r \cdot z_2^2}\sqrt{i^4 - 2i^2\cos 2\pi\xi + 1}\; V_2 \frac{V_1 - 1}{V_1 V_2 - 1} \quad . \tag{2.1/26}$$

Die einer Vergrößerungsfunktion entsprechenden Ausdrücke in Gleichung (2.1/26) seien im folgenden weiter analysiert: Zu diesem Zweck werden das Übersetzungs- und Massenverhältnis in die Gleichung (2.1/8a) eingesetzt. So erhält man:

$$V_1 = \frac{1}{1 - \dfrac{\nu^2 \omega_z^2 \theta_1}{c \cdot r_1^2}} \qquad V_2 = \frac{1}{1 - \dfrac{1}{i^2 j}\dfrac{\nu^2 \omega_z^2 \theta_1}{c \cdot r_1^2}}$$

mit Gleichung (2.1/16) folgt

$$V_1 = \frac{1}{1 - (1 + i^2 j)\dfrac{\omega_z^2}{\omega_e^2}} \qquad V_2 = \frac{1}{1 - \dfrac{1 + i^2 j}{i^2 j} \cdot \dfrac{\omega_z^2}{\omega_e^2}} \tag{2.1/27}$$

und damit:

$$V_1 \frac{V_2-1}{V_1 V_2-1} = \frac{1}{i^2 j + 1} \frac{1}{1-\omega_z^2/\omega_e^2}$$

$$V_2 \frac{V_1-1}{V_1 V_2-1} = \frac{i^2 j}{i^2 j + 1} \frac{1}{1-\omega_z^2/\omega_e^2}$$

(2.1/28)

Berücksichtigt man weiter, daß $\frac{r\pi}{t} = \frac{z}{2}$ ist, dann wird Gleichung (2.1/26) zu:

$$\hat{\tilde{\varphi}}_{1z} = -\frac{4}{z_1^3} \frac{\sqrt{i^4 - 2i^2 \cos 2\pi \xi + 1}}{2i^2(i^2 j + 1)} \frac{1}{1-\omega_z^2/\omega_e^2} = -\frac{4}{z_1^3} \mathit{w}_1 \mathit{w}_z \; [\text{rd}]$$

$$\hat{\tilde{\varphi}}_{2z} = +\frac{4}{z_1^3} \frac{j\sqrt{i^4 - 2i^2 \cos 2\pi \xi + 1}}{2i(i^2 j + 1)} \frac{1}{1-\omega_z^2/\omega_e^2} = +\frac{4}{z_1^3} \mathit{w}_2 \mathit{w}_z \; [\text{rd}]$$

(2.1/29)

mit:

$$\mathit{w}_1 = \frac{\sqrt{i^4 - 2i^2 \cos 2\pi \xi + 1}}{2i^2(i^2 j + 1)} \qquad \mathit{w}_2 = \frac{j\sqrt{i^4 - 2i^2 \cos 2\pi \xi + 1}}{2i(i^2 j + 1)}$$

(2.1/30)

$$\mathit{w}_z = \frac{1}{1-\omega_z^2/\omega_e^2} \; ; \quad \omega_z = \frac{z\pi n}{30} \; ; \quad \omega_e^2 = \frac{c_{spez} \cdot r_1^2}{L_T \cdot \Theta_1}(1 + i^2 j) \; .$$

Gleichung (2.1/29) stellt die endgültige Form der Gleichung zur Berechnung der Drehamplituden der Wellen dar. Die Ausdrücke $\mathit{w}_2 \mathit{w}_1$ geben den Einfluß von Übersetzungsverhältnis, Massenverhältnis und Gliederzahlbeiwert auf die Drehamplituden an. Dies sind Größen, welche die konstruktive Auslegung des Kettentriebes betreffen.

Die Vergrößerungsfunktionen w_z bezeichnen den Betriebszustand des Kettentriebes. Sie hängen bei vorgewähltem Trieb nur von der Drehzahl ab.

Um die praktische Berechnung der Drehamplituden zu vereinfachen, sind für $\xi = 0{,}5$ (d.h. für einen Gliederzahlbeiwert, der maximale Drehamplituden ergibt) die Faktoren $\mathit{w}_2; \mathit{w}_1$ in den Abbildungen 11 und 12 über dem Massenverhältnis aufgetragen für eine Auswahl von praktisch interessierenden Übersetzungsverhältnissen.

Der Ungleichförmigkeitsgrad

Der Ungleichförmigkeitsgrad einer drehenden Bewegung wird definiert zu:

$$\delta = \frac{\omega_{max} - \omega_{min}}{\omega_{mittel}}$$

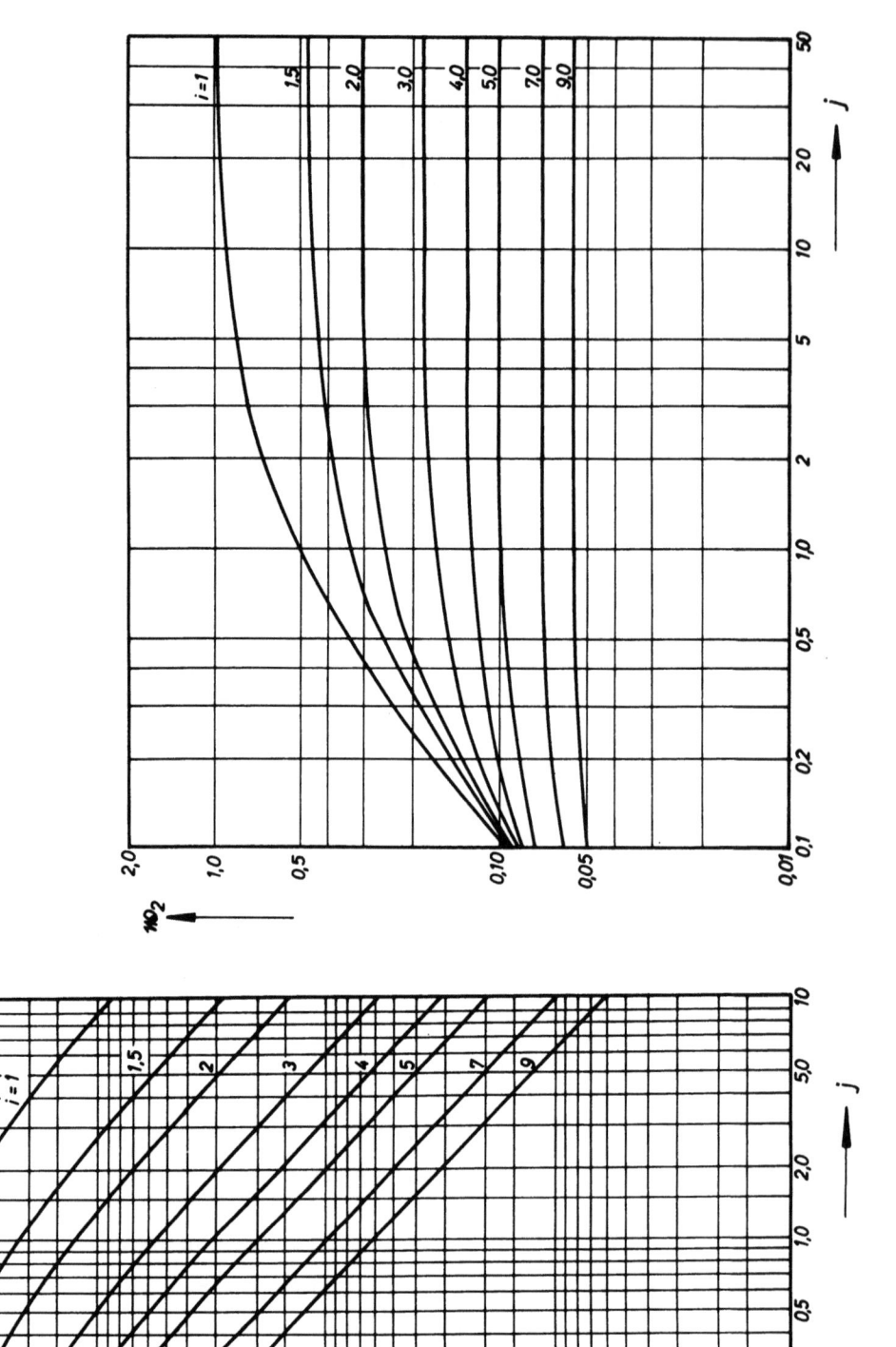

Abbildung 12

Abbildung 11

Die Amplitude der schwellenden Winkelgeschwindigkeit beträgt nach Gleichung (2.1/29):

$$\hat{\omega}_{z1,2} = \dot{\varphi}_{z1,2} = \frac{4\,n_{0\,1,2}\,n_z\,\omega_z}{z_1^3}\ .$$

Damit folgt für den Ungleichförmigkeitsgrad der Drehbewegung des treibenden bzw. getriebenen Kettenrades:

$$\delta_{1z} = \frac{\omega_1 + \hat{\omega}_{z1} - (\omega_1 - \hat{\omega}_{z1})}{\omega_1} = \frac{2\hat{\omega}_{z1}}{\omega_1} = \frac{8\,n_{0\,1}\,n_z}{z_1^3} z_1$$

$$\delta_{2z} = \frac{2\hat{\omega}_{z2}}{\omega_2} = \frac{8\,n_{0\,2}\,n_z}{z_1^3} z_2\ . \qquad (2.1/31)$$

Die mit der Zahnfrequenz periodischen dynamischen Längskräfte in der Kette

In Gleichung (2.1/14) ist die vollständige Formel zur Berechnung der dynamischen Längskräfte in der Kette angegeben. In Analogie zum vorigen Abschnitt soll jetzt versucht werden, die Gleichung (2.1/14) in vereinfachter Form zu schreiben und einer praktischen Berechnung zugänglich zu machen.

Zu diesem Zweck sei für die Beurteilung der Konvergenz der Fourierglieder wieder der Quotient aus der Amplitude der zweiten bzw. dritten und ersten Harmonischen aufgestellt und in Abbildung 13 und 14 über dem Gliederzahlbeiwert aufgetragen

$$\frac{F_2'}{F_1'} = -\frac{1}{2} \frac{\sqrt{i^4 - 2i^2 \cos 4\pi\xi + 1}}{\sqrt{i^4 - 2i^2 \cos 2\pi\xi + 1}}$$

$$\frac{F_3'}{F_1'} = \frac{1}{3} \frac{\sqrt{i^4 - 2i^2 \cos 6\pi\xi + 1}}{\sqrt{i^4 - 2i^2 \cos 2\pi\xi + 1}}\ . \qquad (2.1/32)$$

Der Vergleich der Gleichungen (2.1/13) und (2.1/14) zeigt bereits die schlechtere Konvergenz der Fourierglieder zur Berechnung der dynamischen Kettenkraft P_z gegenüber den Fouriergliedern, die zur Berechnung der Drehamplituden der Wellen herangezogen werden. Die gleiche Tatsache wird bei der Betrachtung der Abbildungen 13 und 14 deutlich. So ist für den Grenzfall ($i = 1$; $\xi = 0$) die Konvergenz der Fourierglieder nicht mehr gegeben.

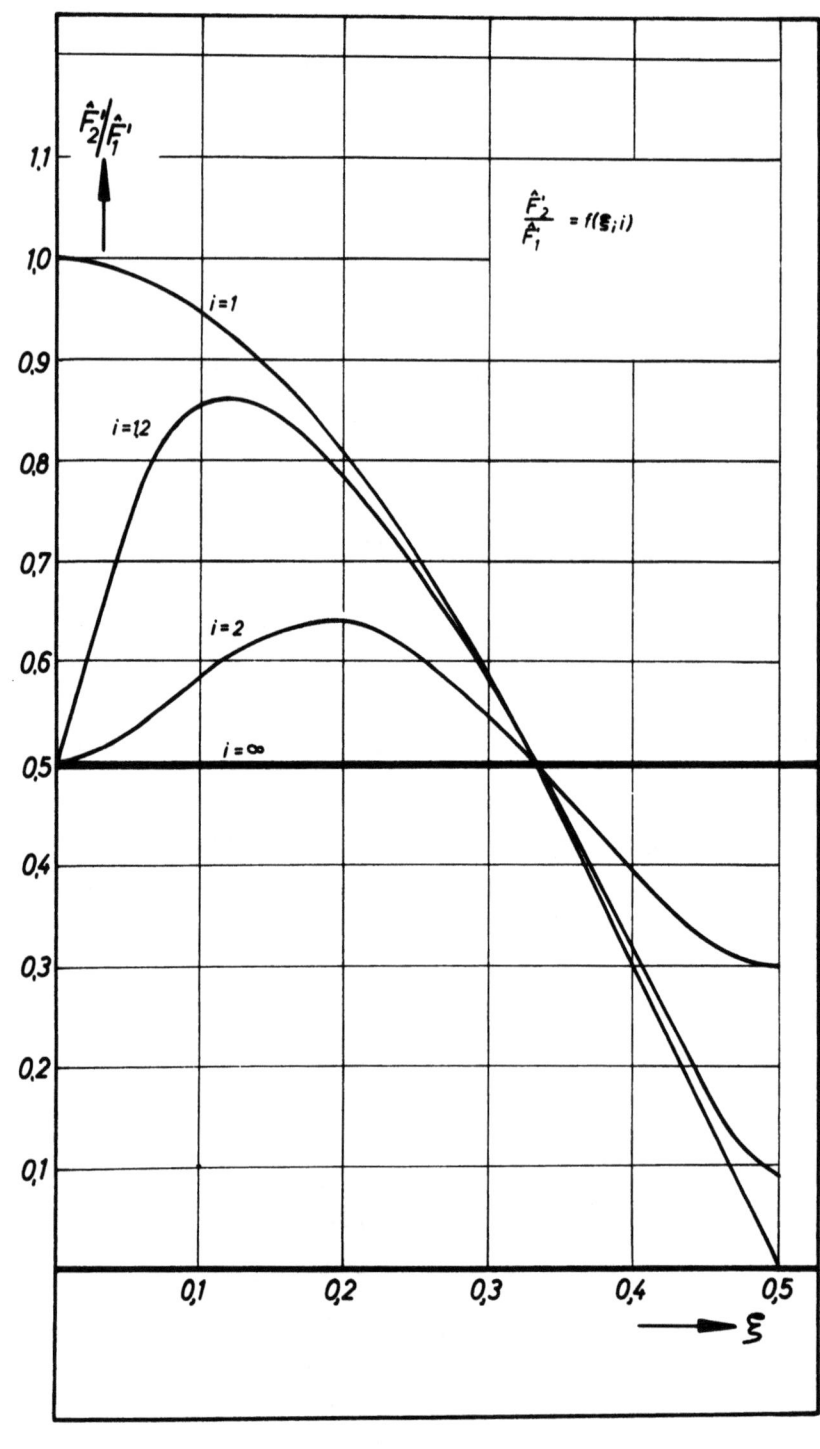

Abbildung 13

Um eine Vorstellung von dem Verlauf der Kraft-Zeit-Funktion der Kettenbelastung zu erhalten, seien die folgenden charakteristischen Triebe betrachtet.

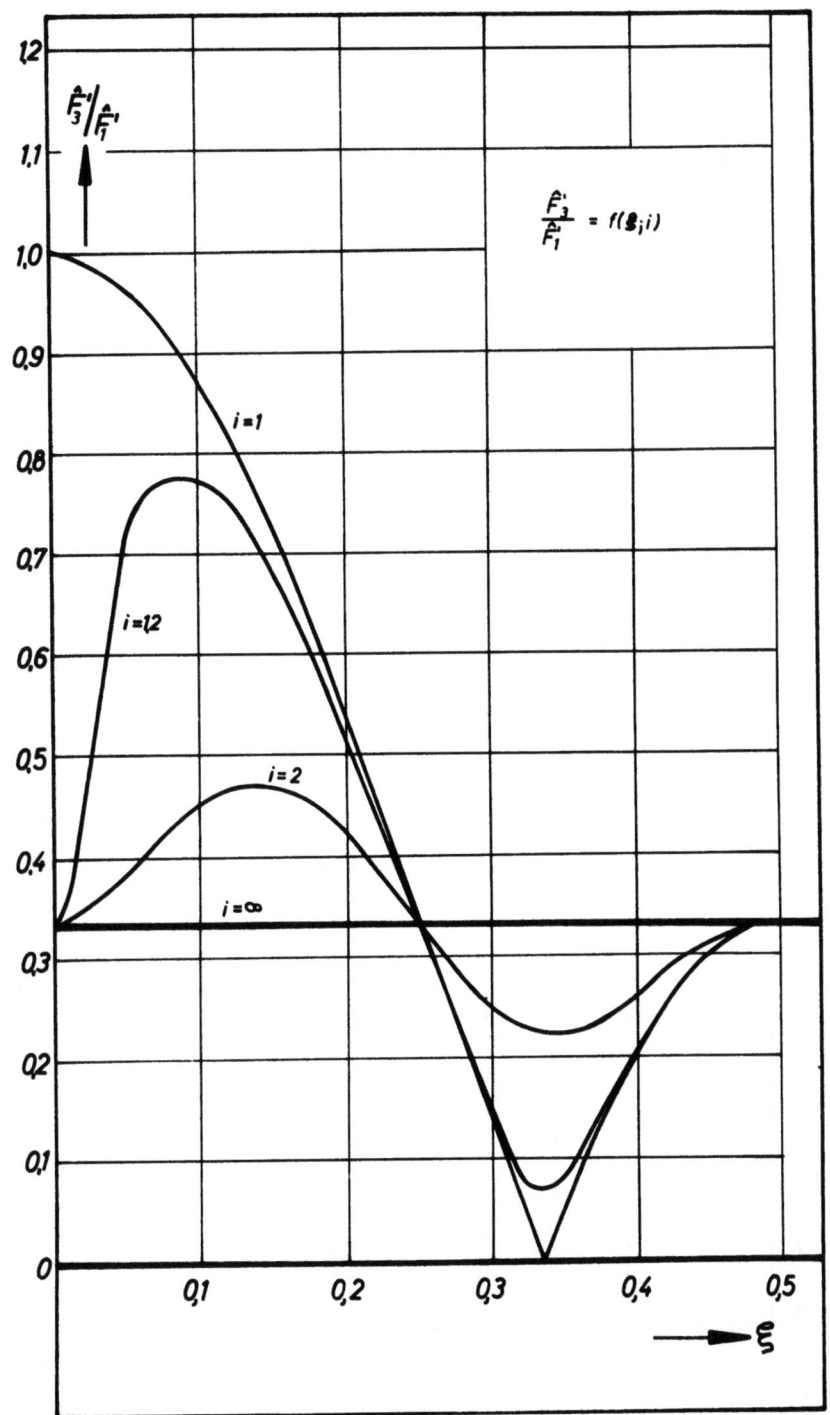

Abbildung 14

1. $i = 1$ $\xi = 0,5$

Hier wird:

$$\sum F_\nu' = -\frac{\sum_{\nu=1}^{\infty}(-1)^\nu}{\nu}\sqrt{2}\sqrt{1-\cos\pi\nu}\,\sin\nu\,\omega_z t$$

$$= 2\left[\sin\omega_z t + \frac{1}{3}\sin 3\omega_z t + \frac{1}{5}\sin 5\omega_z t + \cdots\right] .$$

(2.1/33)

Es handelt sich um die Gleichung des Rechtecksprunges. Die Amplitude kann an der Stelle $\omega_z t = \frac{\pi}{2}$ aus folgender Reihe bestimmt werden:

$$\sum \frac{\hat{F}'_\nu}{\hat{F}'_1} = 1 - \frac{1}{3} + \frac{1}{5} \cdots = \frac{\pi}{4} = 0,785$$

2. $i = \infty \quad 0 < \xi < 1$

Hier wird:

$$\sum_{\nu=1}^{\infty} \frac{\hat{F}'_\nu}{\hat{F}'_1} = -\frac{\Sigma(-1)^\nu}{\nu} \sin \nu \omega_z t = \sin \omega_z t - \frac{1}{2} \sin 2\omega_z t + \frac{1}{3} \sin 3\omega_z t \cdots \quad (2.1/34)$$

Dies ist die Gleichung des "Sägezahnes". Die Amplitude errechnet sich zu:

$$\sum_{\nu=1}^{\infty} \frac{\hat{F}'_\nu}{\hat{F}'_1} = \frac{\pi}{2} = 1,57 \;.$$

In Abbildung 15 sind die erste Harmonische und die Rechteck- bzw. Sägezahnfunktion eingezeichnet, die die resultierende Funktion der dynamischen

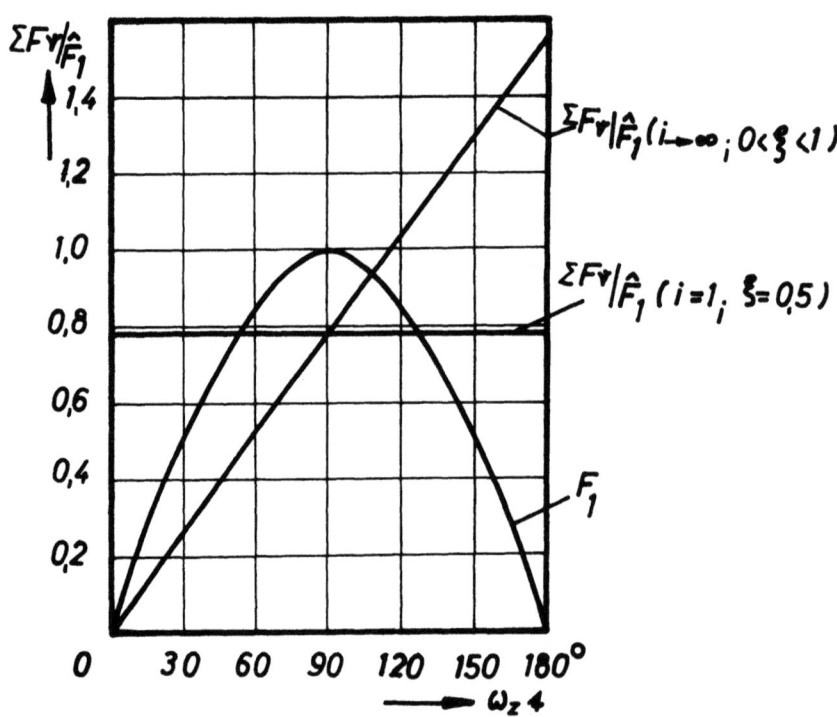

Abbildung 15

Die Kraft-Zeit-Funktion für eine halbe Eingriffsperiode bei extremen Werten von i und ξ

Längskräfte in der Kette für die ausgewählten charakteristischen Triebe darstellen. In dem Gebiet $\frac{1}{3}<\xi<\frac{2}{3}$ dürften die resultierenden Funktionen jeweils Mittellösungen zwischen der Rechteck- und Sägezahnfunktion ergeben. Im Bereich $0<\xi<\frac{1}{3}$ und $\frac{2}{3}<\xi<1$ wird die Konvergenz so schlecht, daß die Abweichung der resultierenden Funktion von der ersten Harmonischen ein beträchtliches Maß annimmt.

Hier zeigt sich ein deutliches Versagen der Theorie. Ein rechteckiger bzw. sägezahnartiger Verlauf der dynamischen Längskraft in der Kette ist nicht zu erwarten. Die Diskrepanz kann erklärt werden durch die fehlerhafte vereinfachende Annahme einer masselosen, nur federnden Kette. Bei einer experimentellen Untersuchung des Verlaufs der dynamischen Längskraft ergab sich deshalb kein ruckartiger Verlauf der dynamischen Kettenbelastung, vielmehr war der gemessene Verlauf recht gut sinusartig (Abb.16).

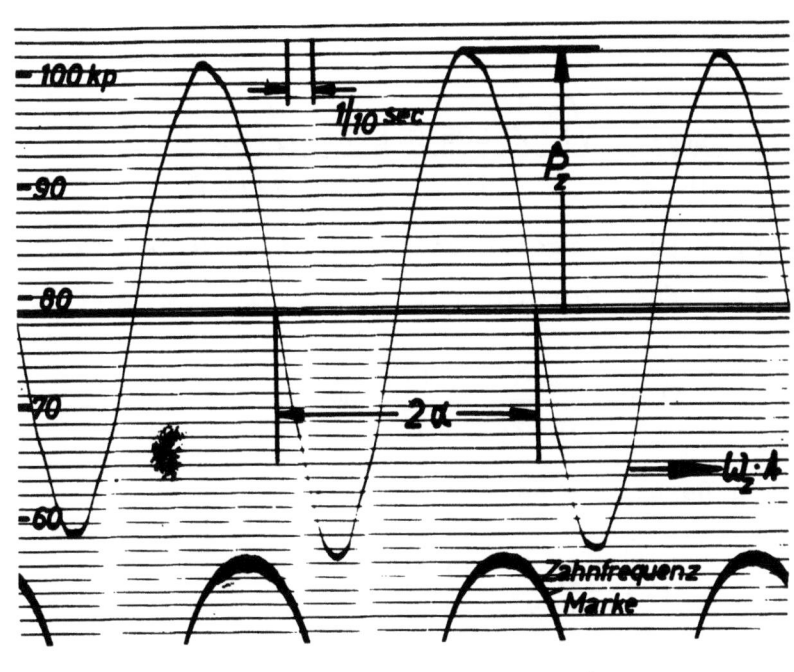

A b b i l d u n g   16

Die gemessene Kraft-Zeit-Funktion für 3 Eingriffsperioden

bei i = 1 und $\xi = 0,5$

Versuchsdaten:

z_1 = 19; x = 100 Gl.
Θ_1 = 9,65 kpcmsec^2
i = 1; j = 1; $\xi = 0,5$
12,7 x 6,4 x 7,75 DIN (gerade)
c_{spez} = 72000 kp
n_1^{spez} = 31,6 min^{-1}
M_{d1} = 3 m kp

Es liegt daher nahe, für die Berechnung nur die erste Harmonische heranzuziehen, da die in der Rechnung nicht berücksichtigte Kettenmasse den höheren Beschleunigungen, die sich aus den Fouriergliedern höherer Ordnung ergeben, ihre Massenträgheit entgegensetzt. Eine Kontrolle dieser vereinfachenden Annahme sei der folgenden experimentellen Untersuchung überlassen.

Für die Gleichungen (2.1/14) wird daher geschrieben:

$$P_z = \frac{-\theta_1 \cdot t}{r_1^2 \pi z_2^2} \sqrt{i^4 - 2i^2 \cos 2\pi \xi + 1} \; V_1 \, \omega_z^2 \, \frac{V_2 - 1}{V_1 V_2 - 1} \sin \omega_z t$$
$$P_z = \frac{\theta_2 \cdot t}{r_2^2 \pi z_2^2} \sqrt{i^4 - 2i^2 \cos 2\pi \xi + 1} \; V_2 \, \omega_z^2 \, \frac{V_1 - 1}{V_1 V_2 - 1} \sin \omega_z t \quad .$$
(2.1/35)

Setzt man die Gleichung (2.1/28) ein und schreibt nur noch die Amplitude der Kraftfunktion, dann folgt:

$$\hat{P}_z = \frac{\theta_1 \cdot t}{r_1^2 \pi z_2^2} \sqrt{i^4 - 2i^2 \cos 2\pi \xi + 1} \; \omega_z^2 \, \frac{1}{i^2 j + 1} \, \frac{1}{1 - \omega_z^2 / \omega_e^2}$$

und mit Gleichung (2.1/16) erweitert:

$$\hat{P}_z = \frac{c_{spez} \cdot t}{L_T \cdot \pi \cdot z_1^2} \frac{\sqrt{i^4 - 2i^2 \cos 2\pi \xi + 1}}{i^2} \frac{\omega_z^2 / \omega_e^2}{1 - \omega_z^2 / \omega_e^2} \quad .$$
(2.1/36)

Die maximalen Amplituden ergeben sich bei einem Gliederzahlbeiwert $\xi = 0{,}5$. In diesem Fall vereinfacht sich Gleichung (2.1/36) zu:

$$\hat{P}_z = \frac{c_{spez} \cdot t}{L_T \cdot \pi \cdot z_1^2} \frac{(1 + i^2)}{i^2} \, \omega_z^x \quad .$$
(2.1/37)

Im überkritischen Bereich erhält man:

$$\hat{P}_z = \frac{c_{spez} \cdot t}{L_T \cdot \pi \cdot z_1^2} \frac{(1 + i^2)}{i^2} \quad .$$
(2.1/38)

2.2 Die mit der Drehfrequenz der Kettenräder periodischen Vorgänge

Einführung

Als Folge der nicht vermeidlichen Exzentrizitäten der Kettenräder ergeben sich im allgemeinen mit der Drehfrequenz der Kettenräder periodische schwellende Belastungen der Kette. Daraus resultieren Schwingungsvorgänge für den im Abschnitt 1 beschriebenen Zweirad-Kettentrieb, die im folgenden Kapitel untersucht werden sollen.

Die Erregerfunktion

Für einen Kettentrieb mit genau zentrischen Kettenrädern bleibt die Trumlänge konstant. Die Trumlänge bei exzentrisch laufenden Kettenrädern verändert sich mit der Fasenlage der Exzentrizitäten zueinander. Durch die Änderung der Trumlänge ergibt sich eine periodische schwellende Be- und Entlastung der Kette, die das System Zweirad-Kettentrieb zu Drehschwingungen anregt.

Die Änderung der Trumlänge kann nach Abbildung 17 aus den folgenden Gleichungen bestimmt werden:

$$\Delta X_{1D} = e_1 \sin \varphi_1 = e_1 \sin \omega_1 t$$
$$\Delta X_{2D} = e_2 \sin (\varphi_2 + \varepsilon) = e_2 \sin (\omega_2 t + \varepsilon)$$
(2.2/1)

ε ist die Anfangsfase zwischen ΔX_{1D} und ΔX_{2D} bei $t = 0$.

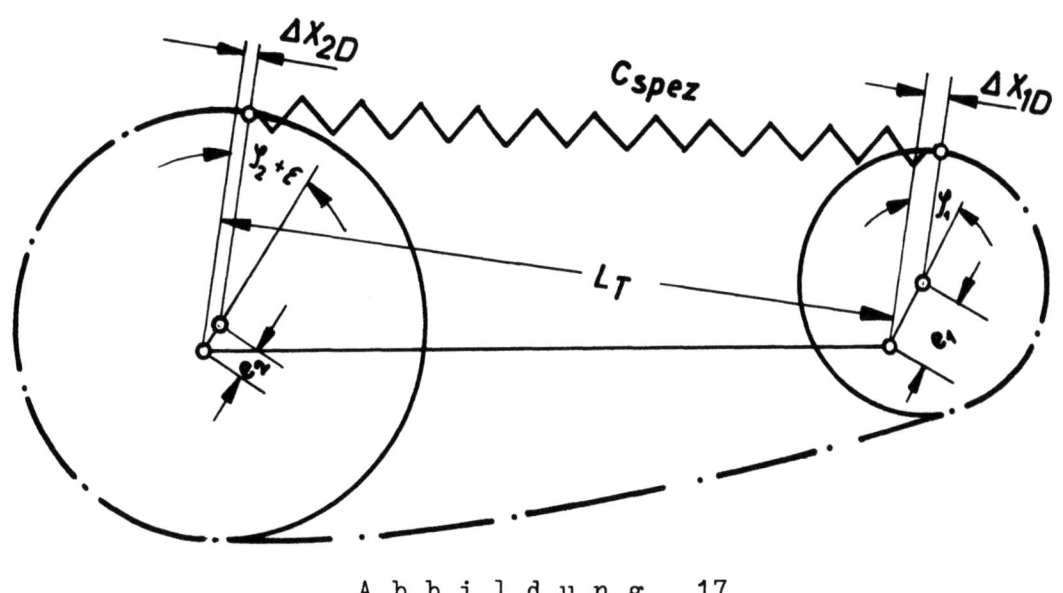

A b b i l d u n g   17

Die Erregung durch Exzentrizitäten der Kettenräder

Beim Aufstellen der Gleichungen (2.2/1) wurde mit Recht angenommen, daß die Exzentrizität der Kettenräder sehr viel kleiner als ihr Teilkreisdurchmesser ist. Somit kann das Schwanken der Trumneigung vernachlässigt werden.

Die Schwingungsgleichung

Für die Berechnung der Schwingungsgleichung werde das Drehschwingungssystem-Zweirad-Kettentrieb- auf ein translatorisches Zweimassensystem reduziert. Die Vorwärtsbewegung der Kette werde nicht beachtet.

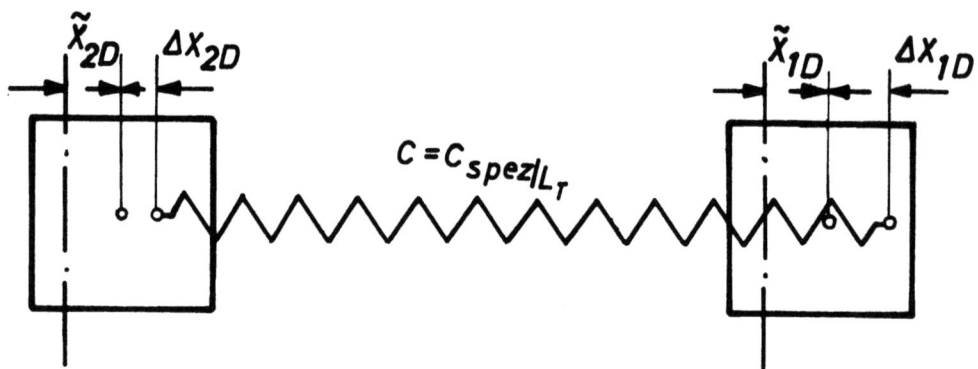

Abbildung 18

Der translatorische Zweimassen-Schwinger als Ersatzsystem für den Zweirad-Kettentrieb

Der Ansatz nach NEWTON ergibt:

$$m_1 \ddot{\tilde{x}}_{1D} = -c(\tilde{x}_{1D} + \Delta x_{1D} - \tilde{x}_{2D} - \Delta x_{2D})$$

$$m_2 \ddot{\tilde{x}}_{2D} = -c(\tilde{x}_{2D} + \Delta x_{2D} - \tilde{x}_{1D} - \Delta x_{1D})$$

oder

$$m_1 \ddot{\tilde{x}}_{1D} + c(\tilde{x}_{1D} - \tilde{x}_{2D}) = c(e_1 \sin \omega_1 t - e_2 \sin(\omega_2 t + \varepsilon))$$

$$m_2 \ddot{\tilde{x}}_{2D} + c(\tilde{x}_{2D} - \tilde{x}_{1D}) = c(e_2 \sin(\omega_2 t + \varepsilon) - e_1 \sin \omega_1 t) \quad . \quad (2.2/2)$$

Die Lösung der Differentialgleichung (2.2/2) wurde in Form des Störgliedes angesetzt.

$$\tilde{x}_{1D} = G_D \sin \omega_1 t - H_D \sin(\omega_2 t + \varepsilon)$$

$$\tilde{x}_{2D} = g_D \sin \omega_1 t - h_D \sin(\omega_2 t + \varepsilon) \quad . \quad (2.2/3)$$

Durch Einsetzen des Lösungsansatzes in (2.2/2) erhält man:

$$\tilde{x}_{1D} = e_1 V_{1,1} \frac{V_{2,1}-1}{V_{1,1}V_{2,1}-1}\sin\omega_1 t - e_2 V_{2,2}\frac{V_{2,2}-1}{V_{1,2}V_{2,2}-1}\sin(\omega_2 t + \varepsilon)$$

$$\tilde{x}_{2D} = -e_1 V_{2,1} \frac{V_{1,1}-1}{V_{2,1}V_{1,1}-1}\sin\omega_1 t + e_2 V_{2,2}\frac{V_{1,2}-1}{V_{1,2}V_{2,2}-1}\sin(\omega_2 t + \varepsilon) \qquad (2.2/4)$$

mit bspw.:
$$V_{1,2} = \frac{1}{1-\frac{m_1\cdot\omega_2^2}{c}} \quad .$$

Das Verhältnis der Exzentrizitäten werde bezeichnet:

$$\eta = \frac{e_2}{e_1} \quad . \qquad (2.2/5)$$

Dann erhält man nach einigen Umformungen, die in Analogie zum Abschnitt 2.1 durchgeführt werden für den Verlauf der Drehschwingungen der treibenden und getriebenen Welle:

$$\tilde{\varphi}_{1D} = \frac{2e_1}{d_{0_1}}\frac{1}{i^2 j + 1}(\varpi_1 \sin\omega_1 t - \eta\,\varpi_2 \sin(\omega_2 t + \varepsilon))$$

$$\tilde{\varphi}_{2D} = -\frac{2e_1}{d_{0_1}}\frac{i\cdot j}{i^2 j + 1}(\varpi_1 \sin\omega_1 t - \eta\,\varpi_2 \sin(\omega_2 t + \varepsilon)) \qquad (2.2/6)$$

mit
$$\varpi_1 = \frac{1}{1-\omega_1^2/\omega_e^2} \quad ; \qquad \varpi_2 = \frac{1}{1-\omega_2^2/\omega_e^2}$$

$$\omega_e^2 = \frac{c_{spez}\cdot r_1^2}{L_T\cdot\Theta_1}(1+i^2 j) \quad .$$

Der Verlauf der dynamischen, mit der Drehfrequenz der Kettenräder periodischen Längskraft in der Kette beträgt:

$$P_D = m_1 \ddot{\tilde{x}}_{1D} = -\frac{m_1}{i^2 j + 1}(e_1\,\varpi_1\,\omega_1^2 \sin\omega_1 t - e_2\,\varpi_2\,\omega_2^2 \sin(\omega_2 t + \varepsilon))$$

$$P_D = \frac{-c_{spez}\cdot e_1}{L_T}(\varpi_1^x \sin\omega_1 t - \eta\,\varpi_2^x \sin(\omega_2 t + \varepsilon)) \qquad (2.2/7)$$

mit
$$\varpi_1^x = \frac{\omega_1^2/\omega_e^2}{1-\omega_1^2/\omega_e^2} \quad ; \qquad \varpi_2^x = \frac{\omega_2^2/\omega_e^2}{1-\omega_2^2/\omega_e^2}$$

Die Resonanzdrehzahlen der beiden Wellen sind:

$$n_{1\,res_1} = \frac{15 \cdot d_{01}}{\pi} \sqrt{\frac{c_{spez}}{L_T \cdot \Theta_1}(1+i^2 j)} \qquad (2.2/8)$$

$$n_{1\,res_2} = \frac{15 \cdot d_{01} \cdot i}{\pi} \sqrt{\frac{c_{spez}}{L_T \cdot \Theta_1}(1+i^2 j)} \qquad (2.2/9)$$

$$n_{2\,res_1} = \frac{n_{1\,res_1}}{i} \quad ; \quad n_{2\,res_2} = \frac{n_{1\,res_2}}{i} \quad .$$

Hierbei bedeutet bspw. $n_{2\,res_1}$ die Drehzahl der Welle 2, wenn die Resonanz durch die Welle 1 hervorgerufen wird.

Die Gleichungen (2.2/6 bis 9) beschreiben vollständig das dynamische Verhalten des Zweirad-Kettentriebes bei Erregung mit den Drehfrequenzen der Kettenräder. Für die tägliche Handhabung in der Praxis der Kettenhersteller sind dabei die Klammerausdrücke der Gleichungen (2.2/6) und (2.2/7) störend. Sie geben den Verlauf der Schwingungsform an und bestimmen die maximale auftretende Amplitude. Daher werden im folgenden einige Betrachtungen angestellt, die dazu dienen sollen, eine einfachere Schreibweise der genannten Gleichungen zu finden.

Die Schwingungsformen des mit der Drehfrequenz der Kettenräder erregten Zweirad-Kettentriebes

Die Klammerausdrücke der Gleichungen (2.2/6) und (2.2/7) ergeben Schwingungsformen, die von dem Frequenzverhältnis ω_1/ω_e dem Übersetzungsverhältnis i, dem Verhältnis der Exzentrizitäten η und der Anfangsfase ε abhängen.

Einige grundsätzliche Zusammenhänge können bereits erkannt werden, wenn man die Schwingungsform der Drehschwingungsamplituden $\tilde{\varphi}_{1,2\,D\,spez}$ der beiden Wellen betrachtet. Diese lautet:

$$\tilde{\varphi}_{D\,spez} = \omega_1 \sin \omega_1 t - \eta \, \omega_2 \sin(\omega_2 t + \varepsilon) \quad . \qquad (2.2/10)$$

In den meisten Fällen dürfte es ausreichen, die maximale Amplitude der durch die Gleichung (2.2/10) gegebenen Schwingungsform zu kennen. Daher sei im folgenden für den Bereich der interessierenden Übersetzungsverhältnisse der Einfluß der Anfangsfase auf die maximale Schwingungsamplitude und deren Größe untersucht.

Bei Übersetzungsverhältnissen, die etwa gleich 1 sind, ist der Frequenzabstand zwischen ω_1 und ω_2 klein. Man erhält demnach eine Schwebung, deren maximale Amplitude $\hat{\varphi}_{D\,spez}$ beträgt.

$$\hat{\varphi}_{D\,spez\,(i \approx 1)} = |\omega_1| + \eta |\omega_2| \quad . \qquad (2.2/11)$$

Bei großen Übersetzungsverhältnissen, etwa von i = 4 an, erhält man eine Überlagerung, wobei die maximale Amplitude ebenfalls in guter Näherung durch die Addition der Einzelamplituden gegeben ist (s.Gl.2.2/11). In beiden Fällen (i ≈ 1 bzw. i > 4) ist die maximale Amplitude nahezu unabhängig von der Anfangsfase ε.

Das Gleiche gilt für alle nicht ganzzahligen Übersetzungsverhältnisse. Das Übersetzungsverhältnis i = 1 nimmt eine Sonderstellung ein.

Hier beträgt:

$$\tilde{\varphi}_{Dspez} = \omega_1 \sin\omega_1 t - \eta\,\omega_1 \sin(\omega_1 t + \varepsilon) \qquad (2.2/12)$$

und

$$\hat{\tilde{\varphi}}_{Dspez(i=1)} = |\omega_1|\sqrt{1 - 2\eta\cos\varepsilon + \eta^2} \qquad (2.2/13)$$

bei $\eta = 1$ wird:

$$\hat{\tilde{\varphi}}_{Dspez} = |\omega_1|\sqrt{2(1 - \cos\varepsilon)} \qquad (2.2/14)$$

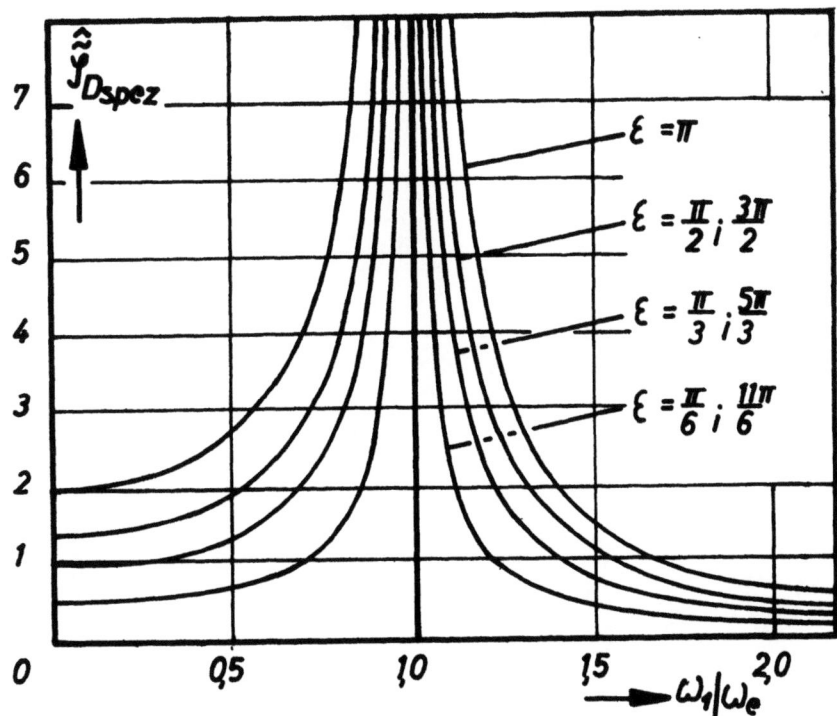

Abbildung 19

Die spezifische Drehschwingungs-Amplitude in Abhängigkeit von dem Frequenzverhältnis ω_1/ω_e und der Anfangsfase ε bei i = 1

Wenn man alle möglichen Anfangsfasen ins Auge faßt, kann $\hat{\tilde{\varphi}}_{Dspez}$ schwanken zwischen den Werten 0 und 2 ω_1 für gleich große Exzentrizitäten an beiden Rädern. In Abbildung 19 sind die Amplituden der spezifischen Drehschwingung der beiden Wellen über dem Frequenzverhältnis ω_1/ω_e aufgetragen. Die Anfangsfase ε ist als Parameter eingezeichnet.

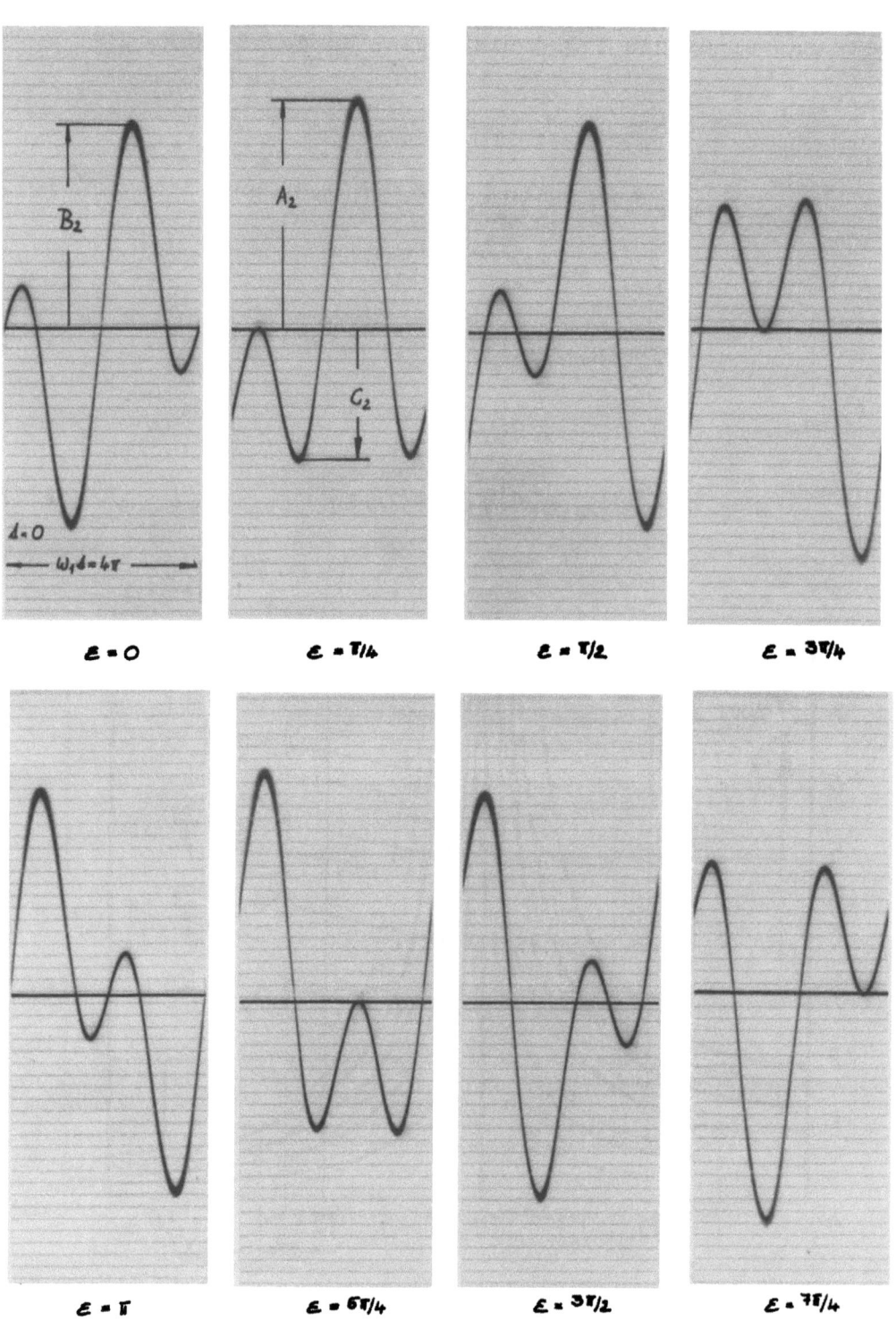

Abbildung 20

Die Schwingungsformen bei $\eta = 1$ und $i = 2$ für $\tilde{\varphi}_{Dspez} = f(\omega_1 t)$ mit $\omega_1 = \omega_2 = 1$

Additional information of this book

(Die Drehswingunden des Zweirad-Kettentriebes bei Innerer Erregung; 978-3-663-15702-1; 978-3-663-15702-1_OSFO1) is provided:

http://Extras.Springer.com

Die kleinen ganzzahligen Übersetzungsverhältnisse (i = 2; und 3) zeigen ebenfalls einen deutlichen Einfluß der Anfangsfase auf die Größe der Amplituden der spezifischen Drehschwingung.

Für das Übersetzungsverhältnis i = 2 sind in Abbildung 20 die charakteristischen Schwingungsformen für ausgezeichnete Anfangsfasen zusammengestellt. Dabei wurde konstant gehalten:

$$\eta = 1 \quad \text{und} \quad \omega_1 = \omega_2 = 1 \; .$$

Damit gelten die gezeigten Schriebe für die spezifische Drehschwingung im extrem unterkritischen Bereich. Sie gelten aber ebenso für die spezifische Längskraft (s.G.2.2/7)

$$P_{D\,spez} = \omega_1^x \sin \omega_1 t - \eta \, \omega_2^x \sin(\omega_2 t + \epsilon)$$

im extrem überkritischen Bereich mit:

$$\eta = 1 \quad \text{und} \quad \omega_1^x = \omega_2^x = 1 \; .$$

Die Formen $\epsilon = \frac{\pi}{4}$ und die ungeraden Vielfachen von $\epsilon = \frac{\pi}{4}$ ergeben jeweils ähnliche Bilder, die aus der Grundform $\epsilon = \frac{\pi}{4}$ durch Spiegelung bzw. Fasenverschiebung entstehen. Die Formen $\epsilon = 0$ und die geraden Vielfachen von $\epsilon = \frac{\pi}{2}$ ergeben ebenfalls ähnliche Bilder, die durch Spiegelung und Fasenverschiebung entstehen. Die Formen des Typs $\epsilon = \frac{\pi}{4}$ zeigen die größte und kleinste Amplitude A_2 und C_2. Die Formen $\epsilon = 0$ sind symmetrisch und haben mittlere Amplituden B. Die Amplituden schwanken also zwischen A_2 und C_2 je nach der Größe der Anfangsfase ϵ.

Für die zwei ausgezeichneten Anfangsfasen $\epsilon = 0$ und $\epsilon = \frac{\pi}{4}$ ist in Abbildung 21 die Größe der Amplituden A_2, B_2 und C_2 über dem Frequenzverhältnis ω_1/ω_e aufgetragen. Für eine Auswahl charakteristischer Frequenzverhältnisse sind ebenfalls die Schwingungsformen angegeben. Die Schriebe der Schwingungsformen geben nur den Verlauf der Schwingung wieder. Sie sind von Schrieb zu Schrieb nicht in den Amplituden maßstabsgerecht.

Die Überlagerung der Sinus-Funktion zur Darstellung der Schwingungsform wurde auf elektrischem Wege durchgeführt. Die Meßanordnung zeigt die Abbildung 22. Die Sinusfunktionen mit den Frequenzen ω_1 und ω_2 und den Amplituden ω_1 und ω_2 wurden durch Frequenzgeneratoren (1) erzeugt. Die beiden Wechselspannungen wurden auf zwei parallel geschaltete Kathodenstrahloszillographen aufgegeben. Der eine KO (2) diente der Bestimmung der Anfangsfase der Schwingungen. Die genaue Fase konnte anhand von LISSAJOU-Figuren bestimmt werden.

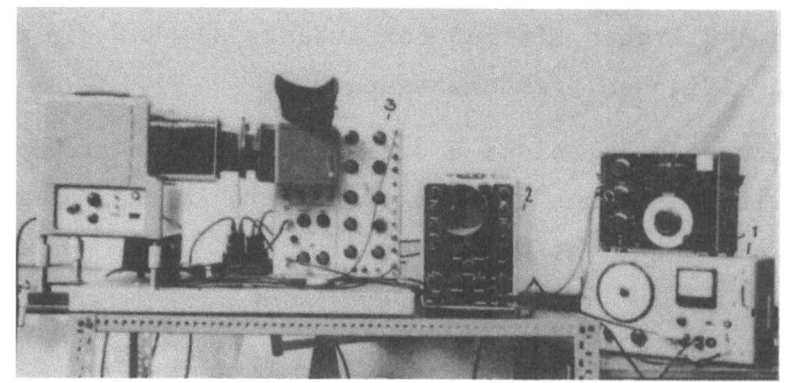

A b b i l d u n g   22

Elektrische Bestimmung der Schwingungsformen

Der zweite KO (3) hatte einen Differenzverstärker, so daß die Überlagerung der Einzelschwingungen zur Bestimmung von $\tilde{\hat{\varphi}}_{D\,spez}$ als Schirmbild fotografiert werden konnte.

Für das Übersetzungsverhältnis i = 3 wurden ähnliche Überlegungen angestellt. Für den extrem unterkritischen Betrieb sind die Drehschwingungs-Formen für ausgezeichnete Anfangsfasen in Abbildung 23 angegeben. Die Schwingungsformen sind identisch mit denen der Längskraft in der Kette bei extrem überkritischem Betrieb. Es ergeben sich drei grundsätzlich verschiedene ausgezeichnete Formen für die Anfangsfasen $\varepsilon = 0$; $\varepsilon = \frac{\pi}{6}$ und $\varepsilon = \frac{\pi}{3}$, die restlichen ausgezeichneten Formen ergeben sich wieder durch Spiegelung bzw. Fasenverschiebung. Die maximale Amplitude A_3 ergibt sich für die Fase $\varepsilon = 0$, die minimale Amplitude C_3 für $\varepsilon = \frac{\pi}{3}$.

In Abbildung 24 ist die Abhängigkeit der Amplituden A_3 und C_3 von dem Frequenzverhältnis ω_1/ω_e angegeben für die Anfangsfase $\varepsilon = 0$ und $\varepsilon = \frac{\pi}{3}$. Für eine Auswahl von Frequenzverhältnissen sind auch hier die Schwingungsformen eingetragen. Von Schrieb zu Schrieb sind die Amplituden nicht maßstabsgerecht wiedergegeben.

Die größte Abweichung der kleinsten Amplitude C_3 von der größten Amplitude A_3 liegt an der Stelle des Minimums der Funktion $\tilde{\hat{\varphi}}_{D\,spez} = f(\omega_1/\omega_e)$ zwischen den beiden Resonanzstellen.

Das Frequenzverhältnis ω_1/ω_e für das Minimum zwischen den beiden Resonanzstellen wird aus der Bedingung:

$$\frac{\partial \tilde{\hat{\varphi}}_{D\,spez}}{\partial (\omega_1/\omega_e)} = 0$$

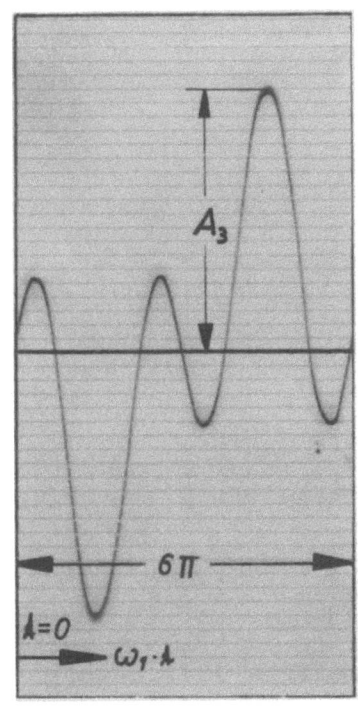

$\varepsilon = 0$

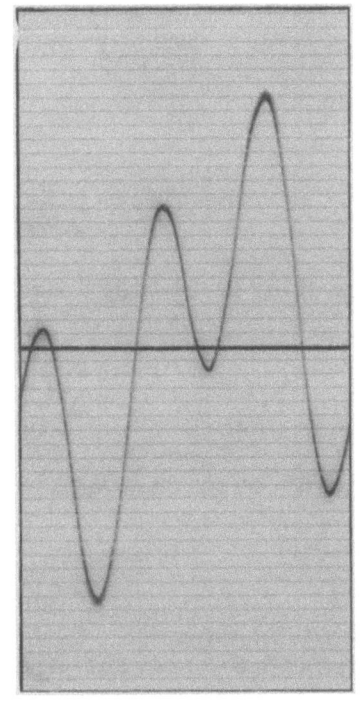

$\varepsilon = \pi/6$

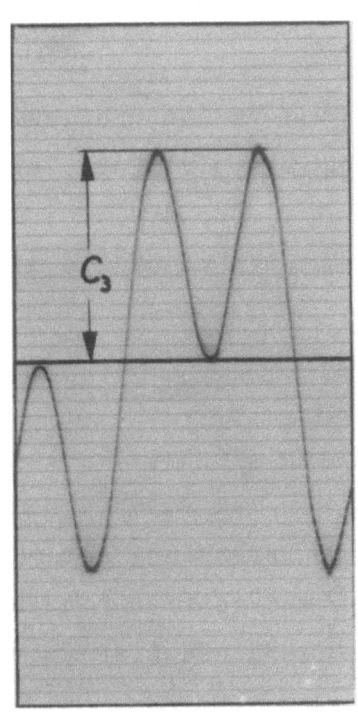

$\varepsilon = \pi/3$

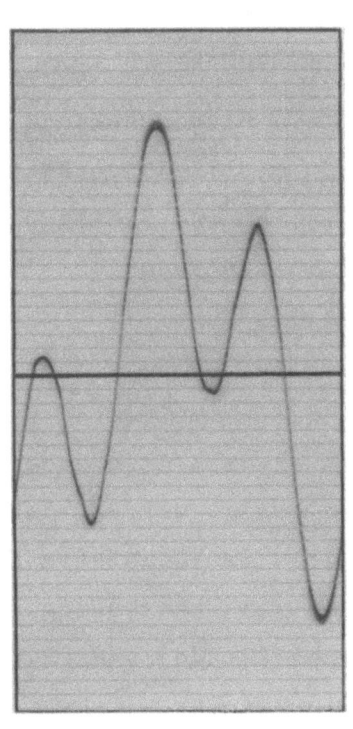

$\varepsilon = \pi/2$

Abbildung 23

Die Schwingungsformen bei $\eta = 1$ und $i = 3$ für $\tilde{\varphi}_{Dspez} = f(\omega_1 t)$ mit $w_1 = w_2 = 1$

errechnet zu:

$$\frac{\omega_1'}{\omega_e} = \sqrt{\frac{2i^2\eta(1-\eta)}{i^2-\eta} + \sqrt{\left(\frac{2i^2\eta(1-\eta)}{i^2-\eta}\right)^2 + i^2\eta}}\qquad(2.2/15)$$

und für $\eta = 1$

$$\frac{\omega_1'}{\omega_e}(\eta=1) = \sqrt{i}\qquad(2.2/16)$$

An dieser Stelle beträgt das Verhältnis der Vergrößerungsfunktionen:

$$\left|\frac{\omega_1}{\omega_2}\right|_{(\omega_1'/\omega_e\,;\,\eta=1)} = \frac{1}{i}\qquad(2.2/17)$$

Damit ergibt sich die Amplitude A an der Stelle

$$A_{(\omega_1'/\omega_e\,;\,\eta=1)} = \omega_2\left(1+\frac{1}{i}\right)\qquad(2.2/18)$$

Die Amplitude C wird für die kleinen ganzzahligen Übersetzungsverhältnisse graphisch bestimmt durch geeignetes Überlagern der Funktionen der Drehschwingungen mit den Frequenzen der An- bzw. Abtriebswelle.

Das Verhältnis der kleinen Amplitude C und der großen Amplitude A kann dann angegeben werden (Abb.25).

Läßt man die einschränkende Voraussetzung $\eta = 1$ fallen und bestimmt graphisch das Amplitudenverhältnis C/A in Abhängigkeit von dem Verhältnis der Amplituden der Gleichung (2.2/6) und (2.2/7) für die kleinen ganzzahligen Übersetzungsverhältnisse, dann erhält man ebenfalls minimale Werte von C/A für:

$$\eta\,\frac{\omega_2}{\omega_1} = i \qquad \text{bzw.} \qquad \eta\,\frac{\omega_2^x}{\omega_1^x} = i \qquad (\text{s.Abb.26})$$

Abbildung 25 gilt also auch für Exzentrizitäten mit $\eta \neq 1$. Zusammenfassend kann also gesagt werden, daß zur Berechnung der maximalen dynamischen Zusatzlasten im belasteten Kettentrum und zur Berechnung der maximalen Amplituden der Drehschwingung der treibenden und getriebenen Welle die Gleichungen (2.2/6) und (2.2/7) in folgender vereinfachter Form geschrieben werden können:

$$\hat{\varphi}_{1D} = \frac{2e_1}{d_{01}}\,\frac{1}{i^2 j+1}\,(|\omega_1|+\eta|\omega_2|)\qquad(2.2/19)$$

$$\hat{\varphi}_{2D} = \frac{2e_1}{d_{01}}\,\frac{ij}{i^2 j+1}\,(|\omega_1|+\eta|\omega_2|) = i j\,\hat{\varphi}_{1D}\qquad(2.2/20)$$

$$\hat{P}_D = \frac{c_{spez}\,e_1}{L_T}\,(|\omega_1^x|+\eta|\omega_2^x|)\qquad(2.2/21)$$

Additional information of this book

(Die Drehswingunden des Zweirad-Kettentriebes bei Innerer Erregung; 978-3-663-15702-1; 978-3-663-15702-1_OSFO2) is provided:

http://Extras.Springer.com

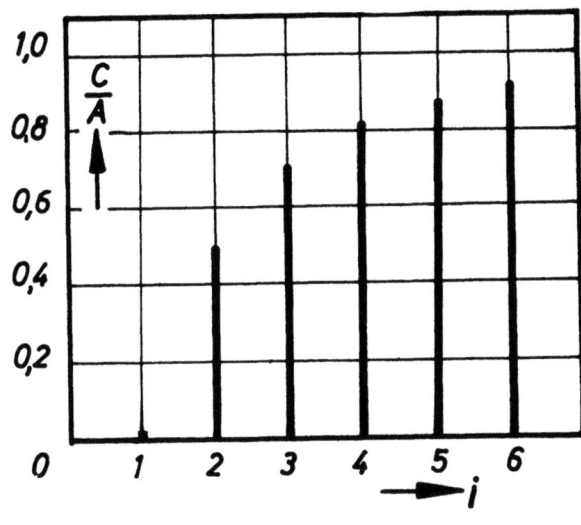

Abbildung 25

Das Verhältnis der Amplituden C und A für $\frac{\omega_1}{\omega_e} = \frac{\omega_1'}{\omega_e}$ und $\eta = 1$

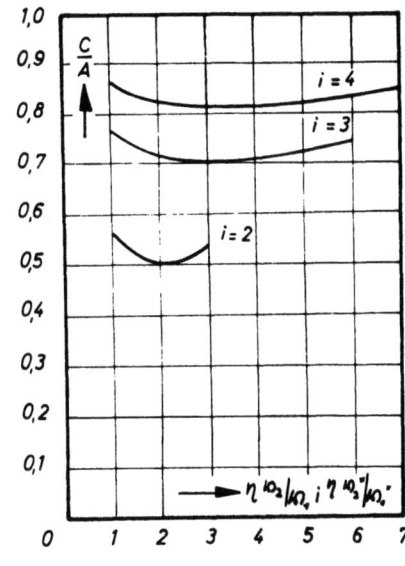

Abbildung 26

Das Amplitudenverhältnis C/A in Abhängigkeit von $\eta \frac{\omega_2}{\omega_1}$ bzw. $\eta \frac{\omega_2^x}{\omega_1^x}$

Die Gleichungen gelten für alle Übersetzungsverhältnisse außer den kleinen ganzzahligen Übersetzungen i = 1,2 und 3. Verwendet man die Gleichungen (2.2/19 bis 21) für die größeren Übersetzungen i > 4, dann macht man einen maximalen Fehler von etwa 18 % bei der Übersetzung i = 4. Dieser relativ große Fehler soll hingenommen werden, weil er nicht für alle Triebe mit i = 4 in voller Größe auftritt, sondern den maximalen Wert von etwa 18 % nur in den sehr speziellen Fällen von

$$\varepsilon = \frac{\pi}{8}; \frac{5\pi}{8}; \frac{9\pi}{8}; \frac{13\pi}{8}; \text{ und } \eta \frac{\omega_2}{\omega_1} \text{ bzw } \eta \frac{\omega_2^x}{\omega_1^x} = i$$

erreicht.

Für das Übersetzungsverhältnis i = 1 ist die Anfangsfase zu berücksichtigen. Die Gleichungen für die Drehschwingungsamplitude der beiden Wellen und die dynamische Kettenbelastung wird errechnet zu (s.Gl.2.2/13).

$$\hat{\tilde{\varphi}}_{1D} = \frac{2e_1}{d_{01}} \cdot \frac{1}{j+1} |\omega_1| \sqrt{1 - 2\eta \cos \varepsilon + \eta^2} \quad (2.2/22)$$

$$\hat{\tilde{\varphi}}_{2D} = \frac{2e_1}{d_{01}} \cdot \frac{j}{j+1} |\omega_1| \sqrt{1 - 2\eta \cos \varepsilon + \eta^2} = j \hat{\tilde{\varphi}}_{1D\,(i=1)} \quad (2.2/23)$$

$$P_D = \frac{c_{spez} e_1}{L_T} |\omega_1^x| \sqrt{1 - 2\eta \cos \varepsilon + \eta^2} \quad (2.2/24)$$

Für die Übersetzungsverhältnisse i = 2 und i = 3 und η = 1 können die entsprechenden Größen mit Hilfe der Abbildungen 21 und 24 nach folgenden Beziehungen berechnet werden:

$$\hat{\tilde{\varphi}}_{1D} = \frac{2e_1}{d_{01}} \cdot \frac{1}{i^2 j + 1} \hat{\tilde{\varphi}}_{D\,spez} \qquad (2.2/25)$$

$$i = 2 \text{ und } i = 3$$
$$\eta = 1$$

$$\hat{\tilde{\varphi}}_{2D} = \frac{2e_1}{d_{01}} \cdot \frac{i\,j}{i^2 j + 1} \hat{\tilde{\varphi}}_{D\,spez} \qquad (2.2/26)$$

Für $\eta \neq 1$ und die Berechnung der dynamischen Längskraft bei den Übersetzungsverhältnissen i = 2 und i = 3 müssen die maximalen Amplituden jeweils aus den Gleichungen (2.2/6) und (2.2/7) bestimmt werden.

Der Ungleichförmigkeitsgrad

Der Ungleichförmigkeitsgrad der Drehbewegung beträgt allgemein:

$$\delta = \frac{\omega - \hat{\tilde{\omega}} - (\omega - \hat{\tilde{\omega}})}{\omega} = \frac{2\hat{\tilde{\omega}}}{\omega} \ .$$

Der gleichförmigen Winkelgeschwindigkeit der Kettenräder sind mit der Drehfrequenz der Räder periodische Winkelgeschwindigkeiten überlagert von der Größe:

$$\dot{\tilde{\varphi}}_{1D} = \tilde{\omega}_{1D} = \frac{-2e_1}{d_{01}} \frac{\omega_1}{i^2 j + 1} \left(\omega_1 \cos \omega_1 t - \frac{\eta \omega_2}{i} \cos(\omega_2 t + \varepsilon) \right)$$

$$\dot{\tilde{\varphi}}_{2D} = \tilde{\omega}_{2D} = \frac{2e_1}{d_{01}} \frac{i\,j\,\omega_1}{i^2 j + 1} \left(\omega_1 \cos \omega_1 t - \frac{\eta \omega_2}{i} \cos(\omega_2 t + \varepsilon) \right) \qquad (2.2/27)$$

Die Schwingungsform wird durch die sogenannte spezifische Winkelgeschwindigkeit ausgedrückt:

$$\tilde{\omega}_{D\,spez} = \left(\omega_1 \cos \omega_1 t - \frac{\eta \omega_2}{i} \cos(\omega_2 t + \varepsilon) \right) \qquad (2.2/28)$$

Auf die Gleichung (2.2/28) können die Überlegungen des vorigen Abschnitts angewendet werden. Damit erhält man den Ungleichförmigkeitsgrad der Drehbewegungen der treibenden und getriebenen Welle für den Fall

$i \neq 1$, 2 und 3

$$\delta_{1D} = \frac{4e_1}{d_{01}} \frac{1}{i^2 j + 1} \left(|\omega_1| + \frac{\eta}{i} |\omega_2| \right)$$

$$\delta_{2D} = \frac{4e_1}{d_{01}} \frac{i^2 j}{i^2 j + 1} \left(|\omega_1| + \frac{\eta}{i} |\omega_2| \right) = i^2 j \, \delta_{1D} \ . \qquad (2.2/29)$$

Bei i = 1 (s.Gl.2.2/22)

$$\delta_{1D} = \frac{4e_1}{d_{01}} \frac{1}{j+1} |\textit{\r{w}}_1| \sqrt{1 - \frac{2\eta}{i} \cos \varepsilon + \left(\frac{\eta}{i}\right)^2} \qquad (2.2/30)$$

Bei i = 2 und 3

$$\delta_{1D} = \frac{4e_1}{d_{01}} \frac{1}{i^2 j+1} \hat{\tilde{\omega}}_{D\,spez} \quad ; \quad \delta_{2D} = \frac{4e_1}{d_{01}} \frac{i^2 j}{i^2 j+1} \hat{\tilde{\omega}}_{D\,spez} \quad . \qquad (2.2/31)$$

<u>Die zulässige Exzentrizität der Kettenräder</u>

Die zulässige Exzentrizität der Kettenräder kann festgelegt werden, wenn man fordert, daß die dynamische Belastung der Kette als Folge der Erregung durch die Exzentrizitäten einen zulässigen Wert nicht übersteigen darf. Dabei sollen die meisten vorkommenden Betriebszustände berücksichtigt werden, so daß die zulässige Exzentrizität schließlich nicht mehr von dem Betriebszustand, sondern nur noch von der Zähnezahl und Teilung des Kettenrades abhängt.

Die mit den Drehfrequenzen der Kettenräder periodischen dynamischen Längskräfte in der Kette werden nach Gleichung (2.2/21) berechnet zu

$$P_D = \frac{c_{spez}\, e}{L_T} (|\textit{\r{w}}_1^x| + |\textit{\r{w}}_2^x|) \quad ; \quad (\eta = 1) \qquad (2.2/21)$$

Diese Gleichung ergibt für die kleinen ganzzahligen Übersetzungsverhältnisse zu hohe Werte für P_D. Da es aber bei der Festlegung der zulässigen Exzentrizitäten auf Größtwerte ankommt, kann Gleichung (2.2/21) für alle Übersetzungsverhältnisse berücksichtigt werden.

Für ein mittleres Übersetzungsverhältnis von i = 5 ist in Abbildung 27 der Klammerausdruck der Gleichung (2.2/21) über dem Frequenzverhältnis ω_1/ω_e aufgetragen. Man erfaßt demnach die meisten Betriebszustände, wenn man für die Berechnung der zulässigen Exzentrizität für die Summe der Vergrößerungsfunktionen $|\textit{\r{w}}_1^x| + |\textit{\r{w}}_2^x| = 3$ setzt. Damit wird Gleichung (2.2/21) zu:

$$P_{D\,zul} = \frac{3 c_{spez}\, e_{zul}}{L_T} \quad . \qquad (2.2/32)$$

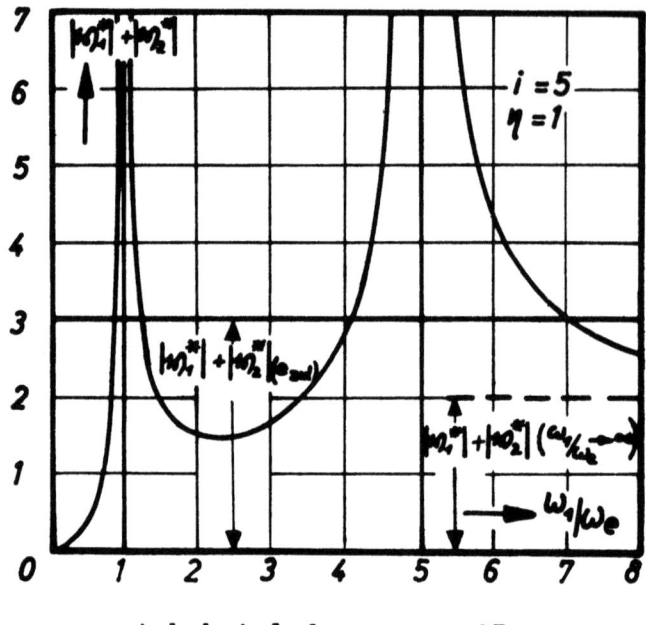

Abbildung 27

Die Vergrößerungsfunktionen $|\omega_1^x| + |\omega_2^x| = f(\omega_1/\omega_e)$ für die Festlegung einer zulässigen Exzentrizität

Die spezifische Kettensteifigkeit ist abhängig von der Kettenteilung. Für Rollenketten kann nach Abschnitt 3.1 ein oberer Wert für die relative Kettensteifigkeit mit $c_{rel} \approx 70$ angegeben werden. Dieser Wert gilt für alle Rollenketten unabhängig von der Kettenteilung. Mit $c_{rel} \approx 70$ wird Gleichung (2.2/32) zu:

$$P_{D\,zul} = \frac{3 c_{rel} P_B e_{zul}}{L_T} = \frac{3 \cdot 70\, P_B\, e_{zul}}{L_T} \qquad (2.2/33)$$

und damit:

$$e_{zul} = \left(\frac{\hat{P}_D}{P_B}\right)_{zul} \frac{L_T}{210} \quad . \qquad (2.2/34)$$

Die kleinste mögliche Trumlänge erhält man für Triebe mit i = 1 unter der Bedingung, daß sich die Kettenräder nicht berühren dürfen in Abhängigkeit von Zähnezahl und Teilung:

$$L_{T\,min} = \frac{z\,t}{\pi} \quad . \qquad (2.2/35)$$

Die Frage nach der zulässigen Exzentrizität von Kettenrädern der Zähnezahl z und der Teilung t ist damit zurückgeführt auf die Frage nach der zulässigen dynamischen Längskraft in der Kette ausgedrückt als Verhältnis der dynamischen Lastamplitude zur Bruchlast. Bei der Festlegung auf ein zulässiges Verhältnis der dynamischen Amplitude zur Bruchlast der Kette muß sehr vorsichtig vorgegangen werden. Die Dauerschwellfestigkeit der Ketten wird von einigen Herstellern mit $0,2\ P_B$ angegeben. Es handelt sich dabei aber um Messungen an einem Pulsator, nicht am umlaufenden Kettentrieb. Der schädliche Einfluß dynamischer Zusatzbelastungen auf den maßgebenden Kettenverschleiß konnte daher nicht beobachtet werden. Vorbehaltlich einer späteren Überprüfung sei daher zunächst als zulässiger Wert für das Verhältnis $(\hat{P}_D/P_B)_{zul}$ angegeben:

$$\left(\frac{\hat{P}_D}{P_B}\right)_{zul} = 0,05 \ .$$

Damit errechnet sich die zulässige Exzentrizität der Kettenräder zu:

$$e_{zul} = \left(\frac{\hat{P}_D}{P_B}\right)_{zul} \frac{zt}{\pi} \frac{1}{3 c_{rel}} = \frac{0,05}{3 \cdot 70\, \pi} zt = 7,58 \cdot 10^{-5} zt \qquad [\text{mm}] \ . \qquad (2.2/36)$$

Um eine Vorstellung von der Größenordnung der nach Gleichung (2.2/36) errechneten zulässigen Exzentrizitäten zu erhalten, sind in Abbildung 28 einige Zahlenwerte für eine Auswahl von Zähnezahlen und Teilungen zusammengestellt.

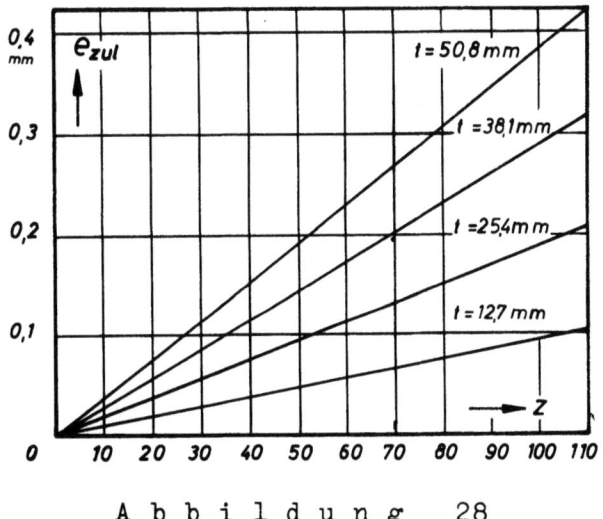

Abbildung 28

Die zulässigen Exzentrizitäten in Abhängigkeit von Zähnezahl und Teilung

Natürlich wäre es unwirtschaftlich, alle Kettenräder mit der angegebenen maximalen Exzentrizität herzustellen. Für die Triebe mit weit unterkritischem Betrieb sind die dynamischen Lastamplituden wesentlich geringer als diejenigen, die zur Berechnung von e_{zul} eingesetzt wurden. Die zulässigen Exzentrizitäten nach Abbildung 28 sind aber zu berücksichtigen für alle Kettentriebe mit:

$$|w_1^x| + |w_2^x| \approx 3$$

Daraus ergibt sich für die Übersetzung i = 1 der zu berücksichtigende Minimalwert der Drehzahl des treibenden Rades, von dem an die zulässigen Werte nach Abbildung 28 einzuhalten sind:

$$n_1 \geq 0{,}81\, n_{1res} \geq 0{,}81\, \frac{15\, d_{01}}{\pi} \sqrt{\frac{c_{spez}}{L_T \cdot \Theta} (1 + i^2 j)} \qquad (2.2/37)$$

2.3 Die mit der Umlauffrequenz der Kette periodischen Vorgänge

Einführung

Für eine Kette mit exakt ausgeführter Teilung der einzelnen Kettenglieder ergibt sich bei exakter Kettenradteilung eine Erregung des Drehschwingungssystems - Zweiradkettentrieb - mit der Zahnfrequenz, wie sie im Abschnitt 2.1 beschrieben wurde. Da aber praktisch die Teilung der einzelnen Kettenglieder ungleichmäßig ausgeführt wird, ergibt sich eine Erregung mit der Umlauffrequenz der Kette, die im folgenden näher untersucht werden soll.

Die Erregung durch Teilungsungenauigkeiten der Kette

Um den Mechanismus der Erregung mit der Umlauffrequenz der Kette leichter zu verstehen, sei zunächst angenommen, daß alle Kettenglieder eine genaue Teilung aufweisen mögen, bis auf eines, das gesondert betrachtet wird. Das betrachtete Glied kann ein positives bzw. negatives Abmaß $\pm \delta t$ haben.

Fall 1. Ein Glied mit positivem Abmaß
In Abbildung 29 ist die Lage der Kette in der Verzahnung eingetragen, wenn nur ein Glied ein positives Abmaß von der Größe $+\delta t$ hat.

Um die Besonderheiten klar herauszuarbeiten, ist das Zahnlückenspiel der Kettenräder vergrößert gezeichnet worden, das Teilungsabmaß der Kette ist übertrieben dargestellt und die Zahnflanken sind als gerade angenommen worden.

Unter diesen Umständen liegt der Kontaktpunkt der in das treibende Rad einlaufenden Rolle a_1 auf einem größeren Umfang als der Kontakpunkt der

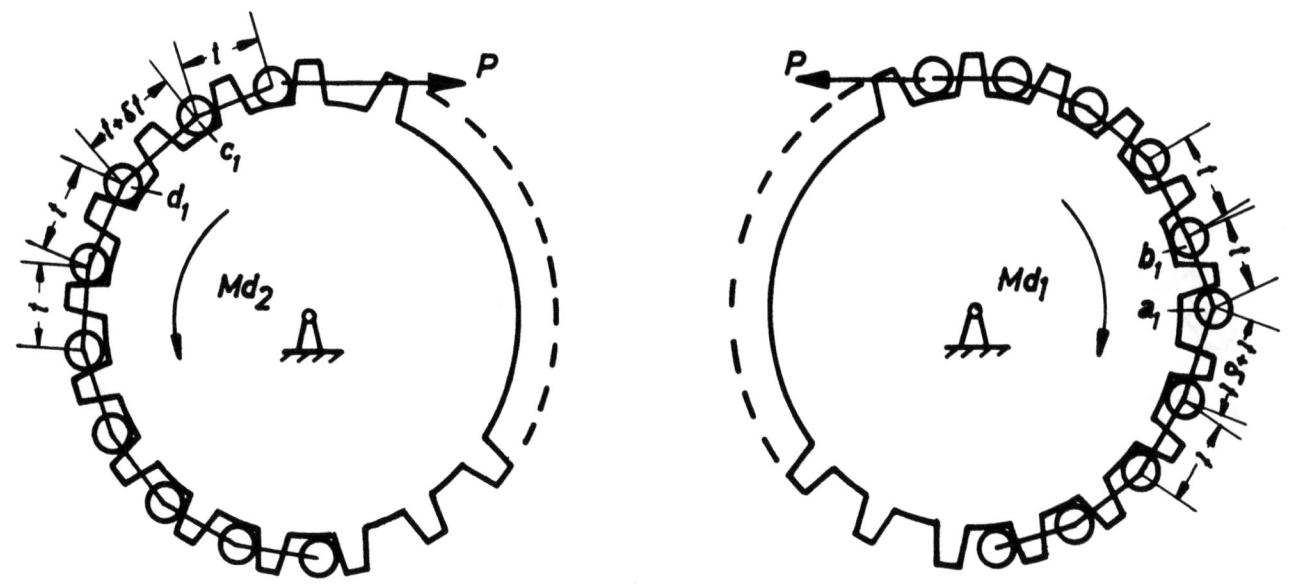

A b b i l d u n g   29

Die Lage der Kette in der Verzahnung, wenn ein Glied
ein positives Abmaß hat

früher eingelaufenen Rollen mit exakter Teilung. Es ergibt sich eine kleine Fasenverschiebung der Erregung mit der Zahnfrequenz, die durch das außergewöhnliche Einlaufen der Rolle a_1 verursacht wird. Die folgenden Rollen (b_1 und folgende) die wieder eine genaue Teilung aufweisen, erhalten einen Kontaktpunkt im Zahngrund. Da auf diese Weise keine starre Führung des Trumführungspunktes durch das Kettenrad mehr vorliegt, wird die Erregung von Drehschwingungen solange unterbrochen, bis die Rolle a_1 aus dem treibenden Rad wieder ausgelaufen ist. Dies gilt, wenn das Kräftegleichgewicht aller auf die Rolle a_1 wirkender Kräfte eine Verschiebung der Rolle auf der Zahnflanke nicht zuläßt. Unter der gleichen Voraussetzung erhält man am getriebenen Rad eine regelmäßige Erregung mit der Zahnfrequenz solange, bis die Rolle c_1 aus dem getriebenen Rad in den Lasttrum einläuft. Nach dem Auslaufen der Rolle c_1 übernimmt die Rolle d_1 und die folgenden Rollen auf dem getriebenen Rad die Last ruckartig, womit sich wiederum eine Erregung des Drehschwingungssystems ergibt.

Man erhält demnach zusammengefaßt eine Erregung des Drehschwingungssystems, wenn ein Glied ein positives Abmaß aufweist immer dann, wenn das betrachtete Glied in das treibende Rad einläuft bzw. aus dem getriebenen Rad ausläuft. Der Mechanismus der Erregung ist am treibenden und getriebenen Rad unterschiedlich. Sie ist mit der Umlauffrequenz der Kette und deren Harmonischen periodisch.

Fall 2. Ein Glied mit negativem Abmaß

In Abbildung 30 ist die Lage der Kette in der Verzahnung eingetragen, wenn ein Glied ein negatives Abmaß aufweist.

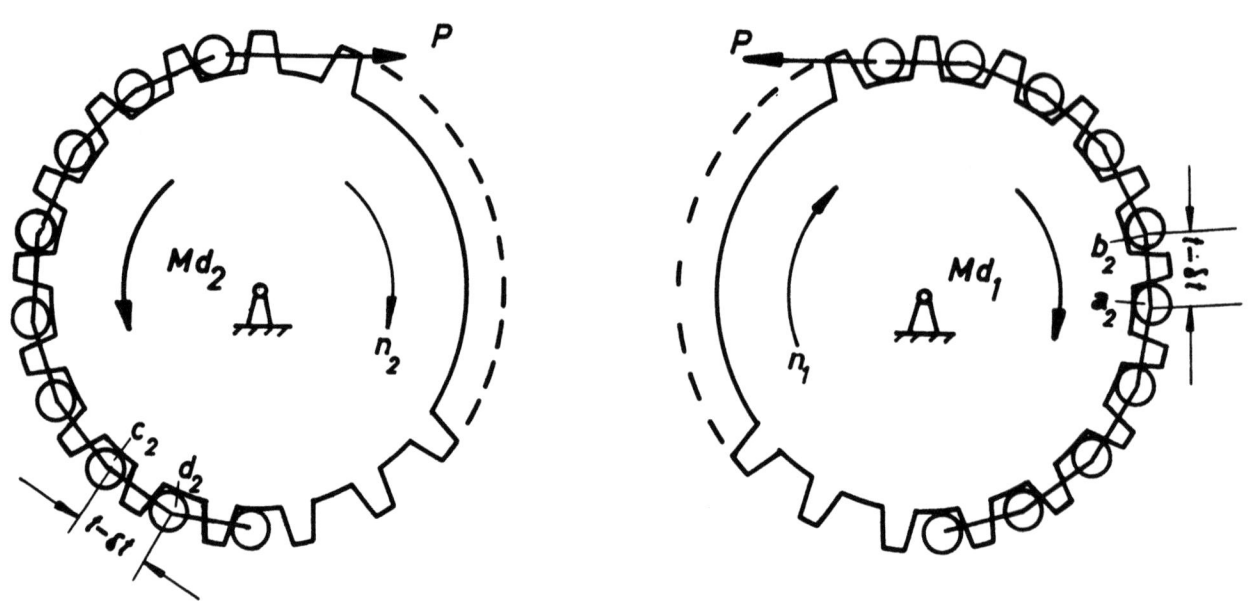

Abbildung 30

Die Lage der Kette in der Verzahnung, wenn ein Glied ein negatives Abmaß hat

Als Folge des negativen Abmaßes eines Kettengliedes fällt die Erregung mit der Zahnfrequenz am treibenden Kettenrad für eine halbe Raddrehung aus, sobald die Rolle b_2 auf den Zahngrund des Rades eingelaufen ist. Nach dem Auslaufen der Rolle a_2 übernehmen die Rolle b_2 und die restlichen zu diesem Zeitpunkt auf dem Kettenrad befindlichen Rollen die Last P.

Am getriebenen Rad übernimmt die einlaufende Rolle d_2 im Augenblick des Einlaufens die volle Last P und entlastet damit die vorlaufenden auf dem Kettenrad befindlichen Rollen einschließlich der benachbarten Rolle c_2. Auf diese Weise fällt auch beim treibenden Rad für eine halbe Raddrehung die Erregung mit der Zahnfrequenz aus. Man erhält demnach auch bei negativem Abmaß eines einzelnen Gliedes eine Erregung des Drehschwingungssystems, die mit der Umlauffrequenz und deren Harmonischen periodisch ist.

Um das Fehlen der Erregung mit der Zahnfrequenz sichtbar zu machen, wurde für einen Versuchstrieb am treibenden Kettenrad ein Zahn abgeschliffen und der Verlauf der Längskraft in der Kette gemessen (Abb.31). Das Kettenrad hatte 19 Zähne und es ist deutlich an den Stellen I und II das Fehlen der dynamischen Kettenbelastung mit der Zahnfrequenz zu erkennen.

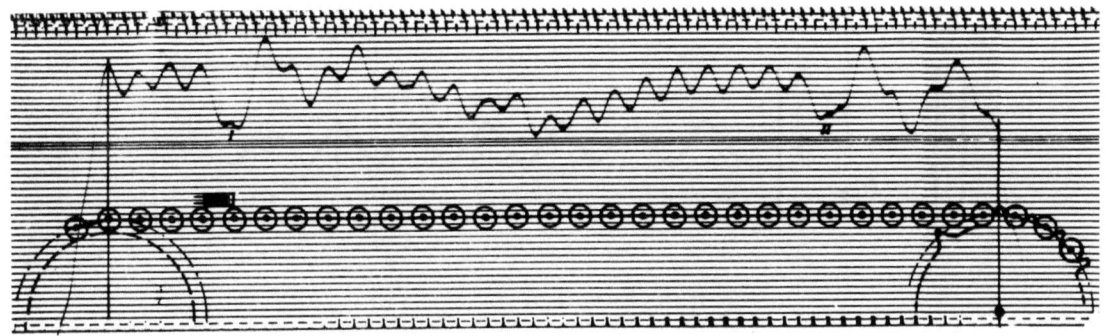

A b b i l d u n g 31

Das Fehlen der Erregung mit der Zahnfrequenz, wenn am treibenden Rad ein Zahn abgeschliffen ist

Zum besseren Verständnis ist der Versuchstrieb unter den Schrieb gezeichnet. Dabei befindet sich der abgeschliffene Zahn in der Eingriffsstellung und das Meßglied an der Stelle I. Die Stellen I und II sind 19 Glieder voneinander entfernt. Wenn sich das Meßglied an der Stelle II befindet, hat sich demnach das treibende Kettenrad einmal gedreht und der abgeschliffene Zahn ist wieder in Eingriffsstellung.

Für einen praktischen Kettentrieb sind die Abmaße der Einzelteilungen der Kettenglieder statistisch verteilt. Als Erregerfunktion werde daher zunächst eine Überlagerung der Erregung mit der Umlauffrequenz mit Erregungen mit Harmonischen der Umlauffrequenz angenommen. Jeder Harmonischen sei zunächst eine eigene Fase zugeordnet. Die Erregerfunktion entspricht damit folgendem Ausdruck:

$$\phi(t) = \sum_{\nu=1}^{\infty} \phi_{\nu o} \sin(\nu \omega_u t + \varepsilon_{u\nu}) = \phi_o \sum_{\nu=1}^{\infty} \phi_{\nu r} \sin(\nu \omega_u t + \varepsilon_{u\nu}) \qquad (2.3/1)$$

mit: $\phi_{\nu_i r} = 1$

Das Schwingungssystem

Für das translatorische Schwingungssystem gilt dann mit Abbildung 32 nach einem Ansatz von NEWTON:

$$m_1 \ddot{\tilde{x}}_{1u} + c(\tilde{x}_{1u} - \tilde{x}_{2u}) = c\phi_o \sum_{\nu=1}^{\infty} \phi_{\nu r} \sin(\nu \omega_u t + \varepsilon_{\nu u})$$

$$m_2 \ddot{\tilde{x}}_{2u} + c(\tilde{x}_{2u} - \tilde{x}_{1u}) = -c\phi_o \sum_{\nu=1}^{\infty} \phi_{\nu r} \sin(\nu \omega_u t + \varepsilon_{\nu u}) \qquad (2.3/2)$$

Abbildung 32

Das translatorische Schwingungssystem

Die Lösung wird in Form des Störgliedes angesetzt:

$$\tilde{x}_1 = \sum \phi_{1\nu} \sin(\nu \omega_u t + \varepsilon_{\nu u})$$

$$\tilde{x}_2 = -\sum \phi_{2\nu} \sin(\nu \omega_u t + \varepsilon_{\nu u}) \quad . \tag{2.3/3}$$

Damit erhält man für die Amplituden der Drehschwingung am treibenden und getriebenen Rad:

$$\tilde{\varphi}_{1u} = \frac{2\phi_o}{d_{01}} \frac{1}{1+i^2 j} \sum_{\nu=1}^{\infty} \phi_{\nu r}\, \omega_{\nu u} \sin(\nu \omega_u t + \varepsilon_{\nu u})$$

$$\tilde{\varphi}_{2u} = -\frac{2\phi_o}{d_{01}} \frac{i\,j}{1+i^2 j} \sum_{\nu=1}^{\infty} \phi_{\nu r}\, \omega_{\nu u} \sin(\nu \omega_u t + \varepsilon_{\nu u}) \tag{2.3/4}$$

mit

$$\omega_{\nu u} = \frac{1}{1 - \dfrac{\nu^2 \omega_u^2}{\omega_e^2}} \quad . \tag{2.3/5}$$

Die dynamische Längskraft in der Kette bei Erregung mit der Umlauffrequenz beträgt:

$$P_u = \frac{C_{spez}}{L_T} \phi_o \sum_{\nu=1}^{\infty} \phi_{\nu r}\, \omega_{\nu u}^{x} \sin(\nu \omega_u t + \varepsilon_{\nu u}) \tag{2.3/6}$$

mit

$$\omega_{\nu u}^{x} = \frac{\dfrac{\nu^2 \omega_e^2}{\omega_e^2}}{1 - \dfrac{\nu^2 \omega_u^2}{\omega_e^2}} \tag{2.3/7}$$

Die Resonanzfrequenzen ergeben sich aus den Bedingungen:

$$\nu \omega_u = \omega_e \; ; \qquad \omega_u = \frac{z_1}{X} \omega_1 \; ; \qquad r_1 = \frac{z_1 \cdot t}{2 \cdot \pi} \; . \qquad (2.3/8)$$

Die Resonanzdrehzahlen der treibenden Welle betragen demnach

$$n_{1u\,res} = \frac{15}{\pi^2} \frac{tX}{\nu} \sqrt{\frac{c_{spez}}{L_T \cdot \Theta_1}(1 + i^2 j)} \qquad \nu = 1,2,3\cdots \qquad (2.3/9)$$

Die Gleichungen (2.3/4) bis (2.3/9) beschreiben vollständig das dynamische Verhalten des Drehschwingungssystems - Zweiradkettentrieb - bei Erregung mit der Umlauffrequenz der Kette und deren Harmonischen. Dabei sind die Werte ϕ_o, $\phi_{\nu r}$ und $\varepsilon_{\nu u}$ von der statistischen Verteilung der Abmaße der Einzelteilung der Kette abhängig und können nur experimentell aus einer Reihe von Messungen ermittelt werden.

Für die weitere Behandlung des Problems stören die Fasen $\varepsilon_{\nu u}$. In Anlehnung an die Überlegungen des Abschnittes 2.2 können allerdings die maximalmöglichen Amplituden der Gleichungen (2.3/4) und (2.3/6) bestimmt werden. Die maximalen Amplituden ergeben sich bei zugehörigen Fasen $\varepsilon_{\nu u}$. Bei einleitenden Messungen zeigte sich, daß die ersten vier Harmonischen der Umlauffrequenz von besonderer Bedeutung sind. Die höheren Harmonischen werden daher vernachlässigt.

Damit folgt:

$$\hat{\tilde{\varphi}}_{1u} = \frac{2\phi_o}{d_{01}} \frac{1}{1+i^2 j} \sum_{\nu=1}^{4} \phi_{\nu r} |\omega_{\nu u}|$$

$$\hat{\tilde{\varphi}}_{2u} = i \cdot j \cdot \hat{\tilde{\varphi}}_{1u} \qquad (2.3/10)$$

und

$$P_u = \frac{c_{spez}}{L_T} \phi_o \sum_{\nu=1}^{4} \phi_{\nu r} |\omega_{\nu u}^x| \; . \qquad (2.3/11)$$

Die spezifische Amplitude der Drehschwingung der beiden Wellen wird definiert zu:

$$\hat{\tilde{\varphi}}_{u\,spez} = \sum_{\nu=1}^{4} \phi_{\nu r} |\omega_{\nu u}| \; .$$

$$(2.3/12)$$

In Abbildung 33 ist die Abhängigkeit der spezifischen Drehschwingungsamplitude von dem Frequenzverhältnis ω_u/ω_e angegeben für beliebig angenommene Werte von ϕ_{vr}.

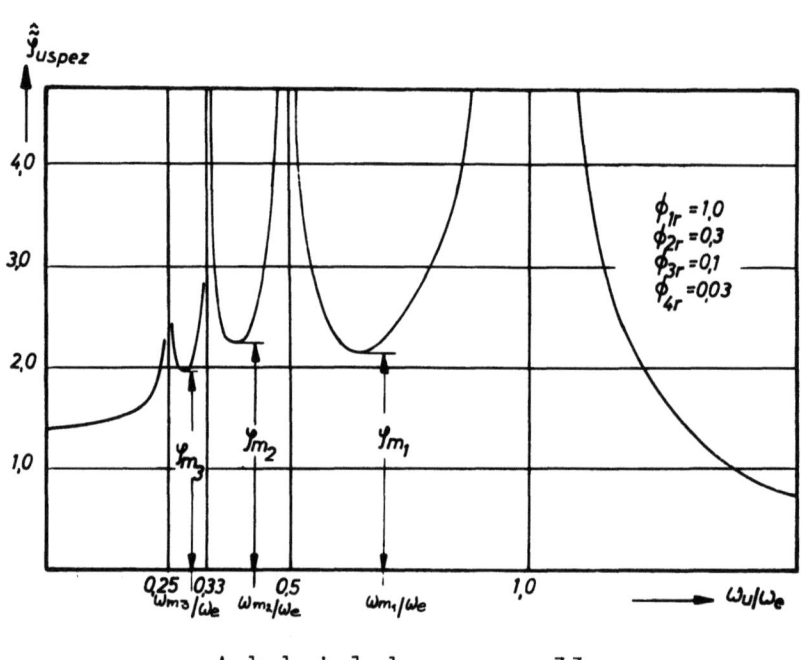

Abbildung 33

Die Vergrößerungsfunktion der spezifischen Dreh-Amplitude bei Erregung mit den Harmonischen der Umlauffrequenz

Die Faktoren ϕ_{vr} werden experimentell ermittelt. Zu diesem Zweck werden die Minima φ_{m1}, φ_{m2} und φ_{m3} aus Abbildung 33 herangezogen. Sie können in einfacher Weise gemessen werden.

Die Faktoren ϕ_{vr} lassen sich dann aus den nachstehenden Gleichungen errechnen.

$$\varphi_{m1} = \sum_{v=1}^{4} \phi_{vr} |\mathscr{W}_{vu}| \left(\frac{\omega_{m1}}{\omega_e}\right)$$

$$\varphi_{m2} = \sum_{v=1}^{4} \phi_{vr} |\mathscr{W}_{vu}| \left(\frac{\omega_{m2}}{\omega_e}\right) \qquad (2.3/13)$$

$$\varphi_{m3} = \sum_{v=1}^{4} \phi_{vr} |\mathscr{W}_{vu}| \left(\frac{\omega_{m3}}{\omega_e}\right)$$

ϕ_0 wird aus dem Bereich $\frac{\omega_u}{\omega_e} > 1$ bestimmt. Hier können die Produkte $\phi_{vr}|\mathscr{W}_{vu}|_{(v>1)}$ genügend genau gleich Null gesetzt werden.

ϕ_0 wird damit errechnet zu:

$$\phi_0 = \frac{\hat{\varphi}_{1u}}{\hat{\varphi}_{u\,spez}} (1+i^2 j) \frac{d_{01}}{2} \qquad \text{für } \frac{\omega_u}{\omega_e} > 1 \quad .$$

(2.3/14)

3. Experimenteller Teil

3.1 Die Steifigkeit und Dämpfung der Rollenketten

Die im theoretischen Teil zusammengestellten Beziehungen zur Berechnung von Drehschwingungsvorgängen bei Kettentrieben gelten für alle Bauarten der Stahlgelenkketten, sofern ihre Federkennlinie als linear angenommen werden kann, die statische Kettenbelastung größer als die dynamische und die Dämpfung gleich Null ist. Da die angestellten Betrachtungen für schnellaufende Kettentriebe von besonderer Bedeutung sein dürften und hierfür im allgemeinen Rollenketten eingesetzt werden, seien im folgenden einige Meßergebnisse der Federsteifigkeit und Dämpfung von Rollenketten angegeben. Zweifellos können die Ergebnisse auch auf die anderen Stahlgelenkketten qualitativ übertragen werden.

Abbildung 34 zeigt die Meßanordnung zur Bestimmung der Federkennlinie. Das Kettenstück (1) wird in einer Zugmaschine belastet. Die eigentliche Meßlänge wird durch zwei Bügel (2) bestimmt. Auf den Bügeln liegen vier Meßuhren (3) auf, die eine Ablesung auf 0,01 mm gestatten. Durch Mittelwertbildung der Ablesungen links und rechts und Differenzbildung der Ablesungen oben und unten wird die Dehnung der Kette bestimmt. Die zugehörige Belastung kann an der Zugmaschine abgelesen werden.

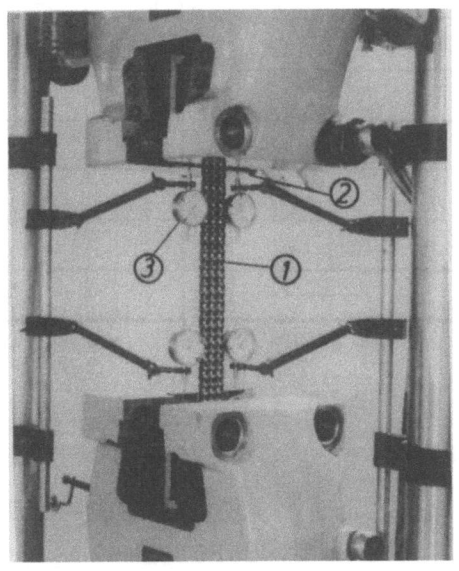

A b b i l d u n g   34
Meßanordnung bei Zugversuchen
nach H. SCHOTTE

Die Kennlinie von 7 Rollenketten unterschiedlicher Teilung ist in Abbildung 35 gezeigt. Dabei ist die Belastung in Prozent der Bruchlast und die Dehnung in Prozent der Meßlänge angegeben. Die Federsteifigkeit der Kette ist in folgender Weise definiert. Eine Kette bestimmter Teilung t und bestimmter Länge L_T habe die Steifigkeit c.

Eine Kette bestimmter Teilung, aber unbestimmter Länge, habe die spezifische Steifigkeit:

$$c_{spez} = c \cdot L_T \quad .$$

Eine Kettenart (bspw. Rollenkette) unbestimmter Teilung und Länge haben die relative Steifigkeit:

$$c_{rel} = \frac{c_{spez}}{P_B} \quad .$$

Die Kennlinien zeigen eine schwach-nichtlineare Tendenz besonders im Bereich kleiner Belastungen. Diese Tendenz ist aus dem nichtlinearen Zusammenhang zwischen Belastung und Dehnung bei HERTZscher Pressung der Passungen zwischen Kettenlasche und Bolzen bzw. zwischen Buchse und Lasche zu erklären.

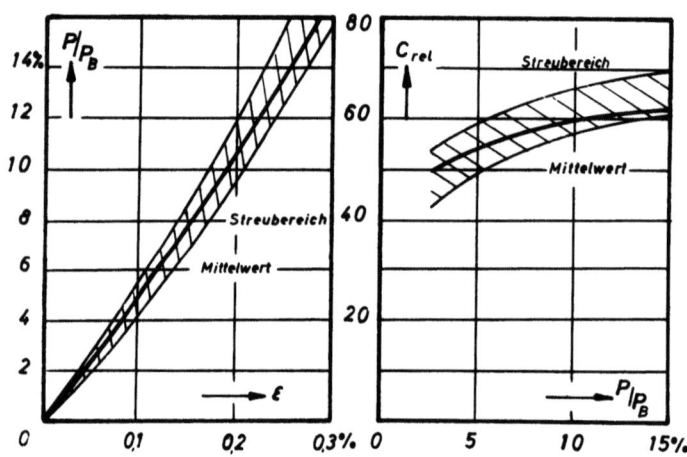

A b b i l d u n g   35
Federkennlinie der Rollenketten

A b b i l d u n g   36
Die relative Steifigkeit der Rollenketten

nach H. SCHOTTE

Dementsprechend ergibt sich eine schwache Abhängigkeit der relativen Steifigkeit der Rollenketten von der Belastung, wie sie in Abbildung 36 zu erkennen ist. Die Nichtlinearität der Steifigkeit kann bei der Berechnung der Drehschwingungsvorgänge nach Abschnitt 2 teilweise berücksichtigt werden, wenn für die Steifigkeit der Wert eingesetzt wird, der der jeweiligen statischen Zugkraft der umlaufenden Kette entspricht.

Abbildung 37 zeigt die Meßanordnung zur Bestimmung der Dämpfung von Rollenketten. An einem kräftigen, möglichst starren Querhaupt (1) wurde die Kette aufgehängt und über ein angehängtes Gewicht (2) belastet.

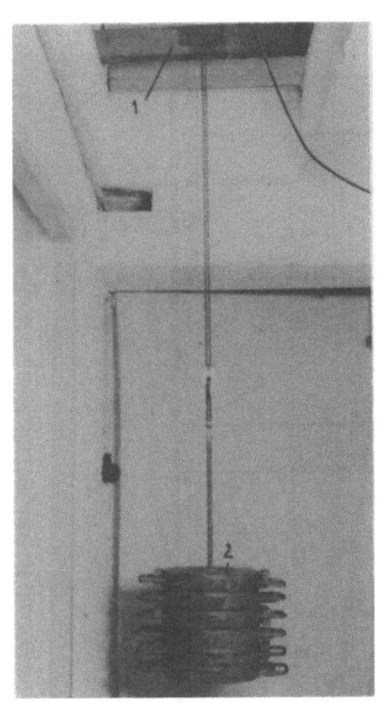
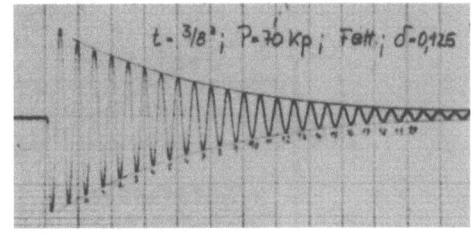

Abbildung 37

Anordnung zur Dämpfungsmessung

Die Kette hatte in der Nähe der Einspannung ein mit Dehnmeßstreifen bestücktes Meßglied, so daß nach einmaligem Anstoß die abklingende gedämpfte Schwingung der Kettendehnung registriert werden konnte.

Für die Messungen wurden die folgenden drei Rollenketten eingesetzt:

$$1 \times 9{,}525 \times 5{,}72$$
$$1 \times 12{,}7 \times 7{,}75 \times 8{,}51 \quad \text{DIN 8187}$$
$$1 \times 15{,}875 \times 9{,}65.$$

Das logarithmische Dekrement der Dämpfung wurde nach bekanntem Verfahren für jede Amplitude der abklingenden Schwingung bestimmt. So konnte zunächst festgestellt werden, daß die Größe der dynamischen Belastung keinen Einfluß auf die Größe der Dämpfung hat. Wesentliche Einflußgrößen sind die statische Vorlast und der Schmierzustand.

In Abbildung 38 ist das logarithmische Dekrement der Dämpfung in Abhängigkeit von der statischen Vorlast angegeben. Die Versuche wurden jeweils mit trockener, geölter und gefetteter Kette durchgeführt. Zur Schmierung wurde verwendet:

Das Öl: Spindelöl 2,5°E/50 ohne Haftzusätze (Rheinpreußen R 254).
Das Fett: Kettenfett für Tauchbad mit Haftzusatz (Rheinpreußen R 266).
Für die Versuche mit trockener Kette wurde die Kette in einem Trichloräthylen-Bad entfettet.

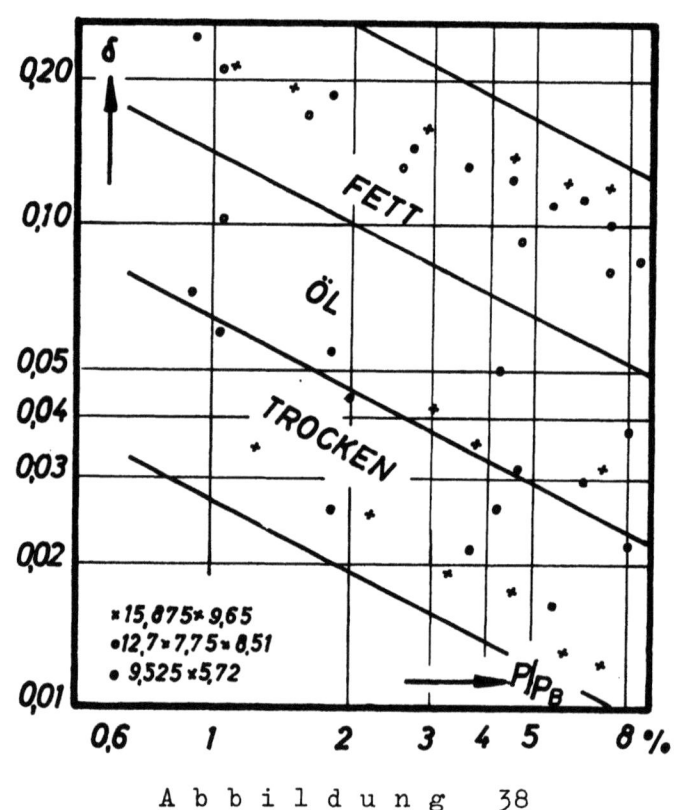

A b b i l d u n g   38

Das logarithmische Dekrement der Dämpfung bei Rollenketten

Man erkennt eine degressive Tendenz der Dämpfung bei wachsender Belastung der Kette. Diese kann erklärt werden aus dem reibungsbehafteten Atmen der Preßpassungen zwischen den Kettenlaschen und dem Bolzen bzw. der Buchse. Hierbei dürfte bei kleinerer Belastung der Kette der Reibungsanteil verstärkt auftreten, während bei höherer Belastung der Kette der Reibungsanteil einen verringerten Effekt zeigt.

Die Reibung in der Preßpassung zwischen Kettenlaschen und Bolzen bzw. Buchsen ist qualitativ aus den spannungsoptischen Aufnahmen nach Abbildung 39 zu erkennen.

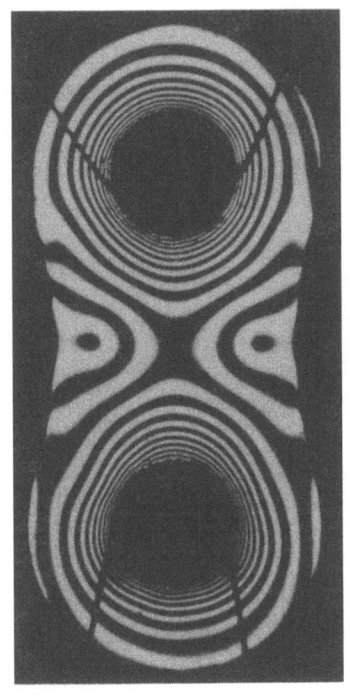  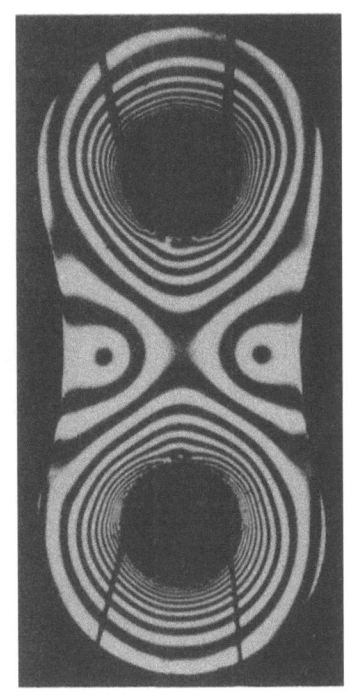

Isochromaten

vor der Belastung   bei Last   nach der Belastung

Abbildung 39

Das reibungsbehaftete Atmen der Preßpassung zwischen Kettenlaschen und Bolzen bzw. Buchse

Das größte logarithmische Dekrement der Dämpfung betrug bei Fettschmierung etwa $\delta = 0{,}25$. Daraus errechnet sich die Dämpfung D zu:

$$D \cong \frac{\delta}{2\pi} \cong 0{,}04 \ .$$

Diese maximale gemessene Dämpfung ist noch klein genug, um ohne großen Fehler bei den Rechnungen in Abschnitt 2 die Dämpfung zu vernachlässigen.

3.2 Die Versuchseinrichtung zur Messung der Drehschwingungsvorgänge

Zur Messung der durch die Eigenarten eines Kettentriebes erregten Drehschwingungsvorgänge wurde ein Prüfstand gebaut, der in Abbildung 40 gezeigt ist.

Der Prüfstand wurde für eine Kette mit 12,7 mm Teilung ausgelegt. Eine kleinere Teilung konnte nicht gewählt werden, da die Anordnung von Dehnmeßstreifen auf einer Kette kleinerer Teilung kaum möglich ist. Eine Kette größerer Teilung erschien ungeeignet, da sie die Installation größerer Leistung erforderte.

A b b i l d u n g   40

Der Prüfstand zur Messung der Drehschwingungsvorgänge

Für den Antrieb wurde ein Leonardsatz mit einer Leistung von 30 kW eingesetzt. Der Steuermotor des Leonardsatzes konnte mit einer Drehzahl von 0 bis 3000 min^{-1} bei einem Drehmoment von 7 mkg gefahren werden.

Um auch bei kleinen Drehzahlen messen zu können, wurde für die Bremsung eine Sonderausführung von der Firma Zöllner entwickelt. Es handelt sich um eine Wirbelstrombremse mit Wasserkühlung, bei der das Bremsengehäuse durch einen Hilfsmotor gegenläufig getrieben wird. Somit ist auch bei Stillstand der Prüfstandswelle eine ausreichende Relativbewegung zwischen dem rotierenden Gehäuse und der Prüflingswelle gegeben und es ist möglich, das volle Drehmoment von 20 mkp aufzubringen. Nach einigen anfänglichen Schwierigkeiten arbeitet die Bremse auch im Dauerbetrieb bei guter Konstanz der Bremsanzeige befriedigend.

Der Prüfstand selbst besteht aus einem Bett mit zwei Lagerböcken für die An- und Abtriebsseite. Die Lagerböcke können auf dem Bett verschoben werden, so daß eine beliebige Einstellung des Achsabstandes im Bereich von 250 bis 1500 mm möglich ist. An beiden Wellen sind Scheiben befestigt, die durch ihre träge Masse die Kraft- bzw. Arbeitsmaschine repräsentieren sollen. Die Scheiben sind fünffach unterteilt, so daß die folgenden Trägheitsmomente eingestellt werden können:

Scheibenanordnung	Trägheitsmomente (kpcmsek^2)
ohne Scheiben	2,01
mit 1 Scheibe	6,31
mit 2 Scheiben	9,50
mit 3 Scheiben	22,69
mit 4 Scheiben	39,16
mit 5 Scheiben	51,49

Die ersten beiden Scheiben haben einen kleineren Außendurchmesser und sind für den Betrieb bei höheren Drehzahlen bzw. kleinen Achsabständen gedacht.

Die Bremsenwelle ist fest an die getriebene Prüfstandswelle geflanscht. Der Motor kann wahlweise fest an die treibende Welle geflanscht werden oder seine Leistung über einen Keilriemen auf die treibende Welle geben. Es sind Keilriemenscheiben vorhanden, so daß der Drehzahlbereich von 0 bis 6000 U/min überstrichen werden kann.

Für die Messung der dynamischen Belastung in der Kette wurde eine Hilfseinrichtung geschaffen, die auf Abbildung 41 zu erkennen ist.

A b b i l d u n g   41

Hilfseinrichtung zur Messung der Längskraft in der Kette

Von einem Hilfskettentrieb (1) wird über eine Steckwelle (2) ein Bügel (3) getrieben, wobei die Übersetzung des Hilfskettentriebes so ausgelegt ist, daß der Bügel mit der Umlauffrequenz der Kette rotiert. Von dem Meßglied (4) erfolgt die Stromführung über einen Peitschendraht (5) zu dem Bügel (3) und schließlich über einen Schleifringübertrager (6) zu der Meßbrücke.

Als Peitschendraht wird eine möglichst flexible Hochfrequenzlitze eingesetzt. Die beiden Drahtenden sind mit Leukoplast umwickelt und am Meßglied und Bügel festgebunden. Die drei notwendigen Adern sind zopfartig verflochten. Die Messung mit Hilfe des Peitschentriebes ist soweit entwickelt, daß bei einem Achsabstand von etwa 30 bis 40 x Teilung maximale Umfangsgeschwindigkeiten von 10 m/sek kurzzeitig angefahren werden können.

Für Messungen bei extremen Drehzahlen wird der Betriebszustand mit einer Kette ohne Meßglied angefahren und die Stellung der Brems- und Drehzahlsteuerung markiert. Bei der so vorbereiteten Messung stellt sich der Betriebszustand schnell ein und der Peitschendraht wird nur für die kurze Zeit des Anfahrens, Messens und Auslaufens beansprucht.

Für die Ausrüstung des Meßgliedes wurde ein Meßwertgeber gesucht mit möglichst kleinen Abmessungen, kleiner Eigenmasse und guter Empfindlichkeit. Außerdem sollte der Geber eine statische Eichung durch Aufbringen definierter Lasten ermöglichen. Ein erster Versuch mit dem induktiven Geber, der von der DVL entwickelt und von der Firma Lange gebaut wird, schlug fehl, da die Massenwirkung des Gebers das Meßergebnis verfälschte. Abbildung 42 zeigt die Anordnung des DVL-Gebers auf der Kettenlasche.

A b b i l d u n g   42

Der DVL-Geber auf der Kettenlasche

Auch die Anordnung von Dehnmeßstreifen nur auf der Außenseite der Außenlaschen des Meßgliedes brachte unbefriedigende Ergebnisse, da die Temperatur-Kompensation nicht möglich war und somit die Nullpunktkonstanz des Gebers nicht ausreichte.

So wurde schließlich ein Meßgeber gebaut, bei dem die aktiven Dehnmeßstreifen auf der Innenseite der Außenlaschen des Meßgliedes in Kettenlängsrichtung geklebt sind. Die Temperatur-Kompensationsstreifen sind auf den Außenseiten der Laschen in Querrichtung geklebt.

Auf die Innenseiten der Laschen sind Distanzbüchsen gelötet. Kleine Bügel dienen zur Befestigung der Meßdrähte.

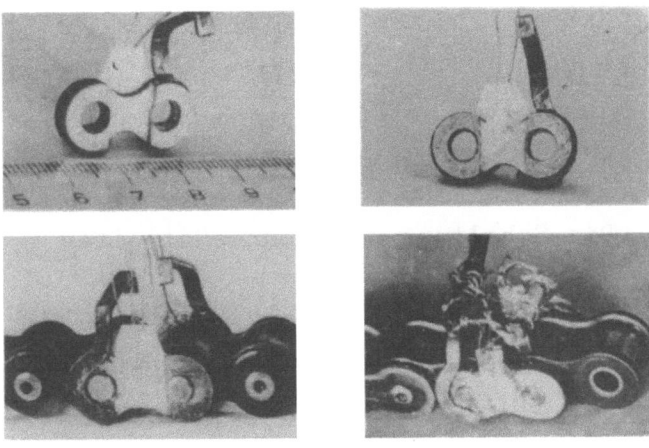

A b b i l d u n g   43

Der Dehnmeßstreifen-Geber

Durch das Kleben der aktiven Meßstreifen auf die Innenseiten der Laschen konnte die Empfindlichkeit gesteigert werden, da dort die Zugkomponente der Biegung sich dem reinen Zug überlagert. Die Temperatur-Kompensationsstreifen brachten eine weitere Steigerung der Empfindlichkeit, da sie als Folge der Querkontraktion der Kettenlasche die Brückenverstimmung erhöhten.

Die aktiven und Kompensationsstreifen der beiden Laschen des Meßgliedes wurden jeweils in Reihe geschaltet und in einen Zweig der Meßbrücke gelegt. Die Schaltung ist aus Abbildung 44 zu ersehen.

Für die Messung der Drehamplituden wurden zwei verschiedene Geber benutzt. Bei kleinen Drehzahlen bis etwa 500 U/min wurde ein Geber eingesetzt, der am Aachener Werkzeugmaschinenlabor entwickelt worden ist. Dieser wird in Zukunft als Geber Nr. 1 bezeichnet. Bei Drehzahlen größer als 500 U/min wurde ein Geber der Firma Hottinger Type 160.02 verwendet (Geber Nr.2). Beide Geber arbeiten nach dem seismischen Prinzip. Das Gebergehäuse ist fest mit der Prüfstandswelle verbunden und erfährt die

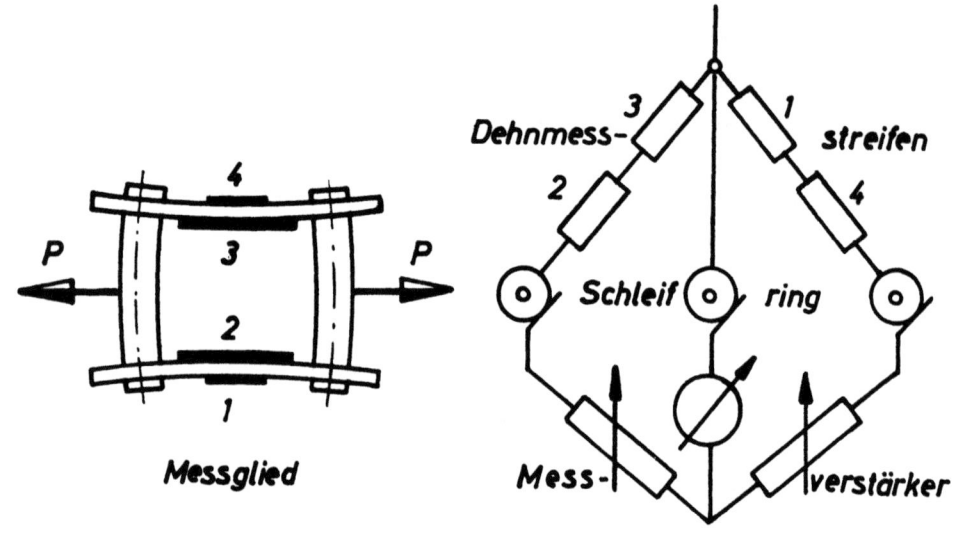

Abbildung 44

Die Schaltung der Dehnmeßstreifen

zu messende ungleichförmige Drehbewegung. Die träge Masse im Geber rotiert gleichförmig. Die Differenzbewegung zwischen Geberhehäuse und träger Masse wird durch induktive Aufnehmer abgetastet. Die Aufnehmer sind zu einer Meßbrücke geschaltet. Diese liefert eine der Größe der Relativlage von Masse und Welle proportionale Spannung.

Der Geber Nr. 1 konnte den Bedürfnissen der Messung individuell angepaßt werden. Die träge Masse ist hier in Kreuzfedergelenken aufgehängt. Die Dämpfung erfolgt über den Wirbelstromeffekt von Permanent-Magneten. Die Größe der Dämpfung konnte feinfühlig durch einen Nebenschluß eingestellt werden. Auch die Größe der trägen Masse konnte in bestimmten Grenzen verändert werden. Nach einigen Vorversuchen wurde die Eigenfrequenz und Dämpfung so eingestellt, daß sich der in Abbildung 45 gezeigte Frequenzgang ergab. Die Eigenfrequenz des Gebers ist damit niedrig genug, um auch bei kleinen Drehzahlen amplitudenrichtig messen zu können und hoch genug, um niederfrequente Drehzahlschwankungen zu unterdrücken.

Nachteilig wirkte sich die große Empfindlichkeit des Gebers aus. Um die auftretenden Drehamplituden von etwa $1°$ messen zu können, mußten die Begrenzungen des Gebers soweit verstellt werden, daß die induktiven Aufnehmer über ihren Linearitätsbereich hinaus arbeiteten. Die Linearitätskontrolle ist in Abbildung 46 gezeigt. Der Geber Nr.2 ist robuster ausgeführt. Er ist in Öl gedämpft und gestattet die Messung von $\pm 3°$. Eine Einstellmöglichkeit von Dämpfung und Eigenfrequenz ist nicht gegeben. Sein Frequenzgang ist in Abbildung 47 gezeigt.

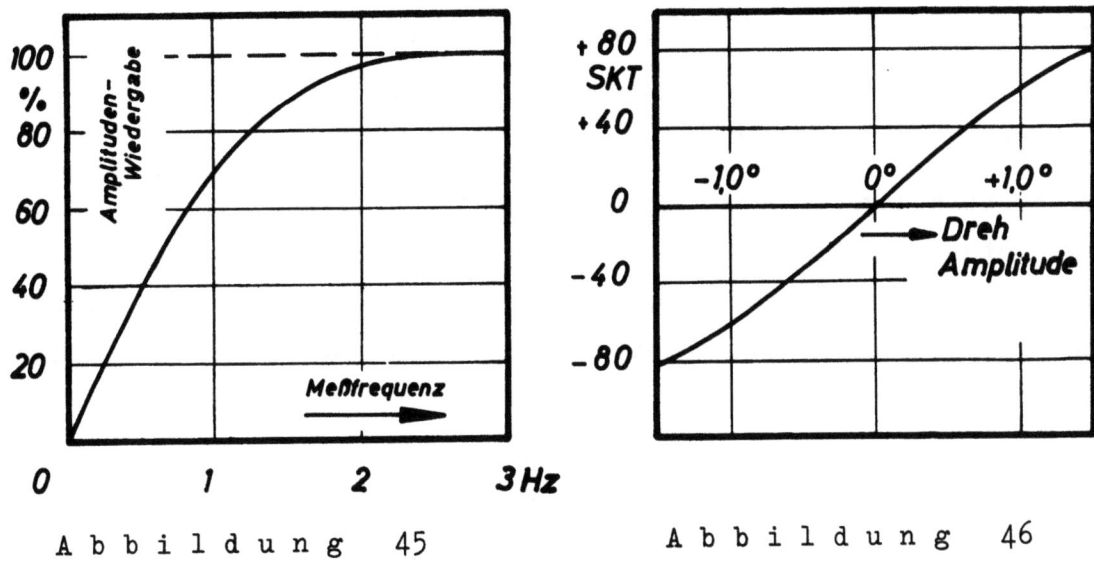

A b b i l d u n g 45

Der Frequenzgang des Gebers Nr.1

A b b i l d u n g 46

Linearitätskontrolle des Gebers Nr.1

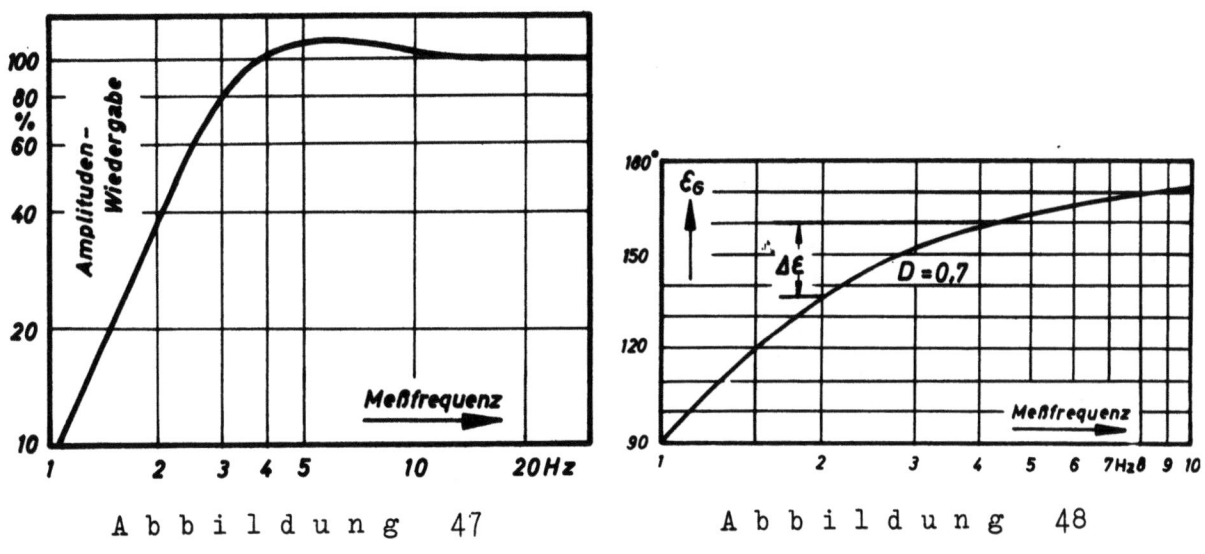

A b b i l d u n g 47

Der Frequenzgang des Gebers Nr.2

A b b i l d u n g 48

Die Fasenverzerrung durch den Geber Nr.1

Die Fasenverzerrung ist bei der relativ hohen Dämpfung der Geber groß. Für den Geber Nr.1 ist die auftretende Fasenverzerrung in Abhängigkeit von der Meßfrequenz in Abbildung 48 angegeben. Die Fasenschiebung durch den Geber ist ohne Bedeutung, solange der Meßvorgang aus einer harmonischen Schwingung besteht. Bei der Messung der Drehschwingungsvorgänge, die mit den Drehfrequenzen der Kettenräder bzw. den Harmonischen der Umlauffrequenz der Kette periodisch sind, setzt sich die resultierende Schwingung aus zwei oder mehreren harmonischen Schwingungen zusammen mit unterschiedlichen Frequenzen. Hier tritt eine durch den Geber vorgetäuschte Fasenverschiebung zwischen den Teilschwingungen auf.

So erhält man beispielsweise für einen Trieb mit der Übersetzung i = 2 bei der Messung der mit den Drehfrequenzen der Kettenräder periodischen Vorgänge eine Fasenschiebung durch den Geber Nr.1 von $\Delta\varepsilon_G = 22,5^\circ$ bei einer Drehzahl der treibenden Welle von 4 Hz (s.Abb.48).

Die Drehschwingungsgeber wurden bei Vorversuchen sowohl am Kettenrad als auch am Motor befestigt. Die gemessenen Drehamplituden waren gleich. Daraus kann geschlossen werden, daß die Torsionsschwingungen der Wellen von untergeordneter Bedeutung sind. Aus diesem Grunde konnte bei allen Messungen der Geber an der Motorwelle angeflanscht werden und somit die Kettenräder ohne Abbau des Gebers gewechselt werden. Abbildung 49 zeigt die Anordnung des Gebers Nr.2 an der Motorwelle.

A b b i l d u n g   49

Die Anordnung des Gebers an der Motorwelle

Als Meßverstärker wurde die Type 500.06 der Firma Hottinger verwendet. Der Verstärker arbeitet mit einer Trägerfrequenz von 5 kHz. Daher kann mit einer amplitudenrichtigen Wiedergabe bis etwa 1000 Hz gerechnet werden.

Als Registriergerät wurde im allgemeinen der Oszilloport der Firma Siemens benutzt. Die Eigenfrequenzen der verwendeten Schleifen betrugen 1300 Hz bzw. 2500 Hz. Die Schleifen sind kritisch gedämpft. Eine genaue Messung ist demnach bis 200 Hz bzw. 360 Hz möglich. Bei 260 Hz bzw. 500 Hz beträgt der Abfall bereits 5 %.

Für die Messung der Drehamplituden, die im überkritischen Bereich jeweils zu Null werden, reichen diese oberen Grenzfrequenzen voll aus, da die gemessenen Frequenzen etwa in dem Bereich von 2 bis 20 Hz lagen.

Bei der Messung der dynamischen Kettenbelastung, die mit der Zahnfrequenz periodisch sind, reichen im überkritischen Bereich die oberen Grenzfrequenzen der Schleifen nicht aus. Für den Betrieb von Schleifen mit höherer Eigenfrequenz war die Verstärker-Ausgangsleistung zu klein. Daher wurde in diesen Fällen der Schrieb als Schirmbild eines Kathodenstrahloszillographen aufgenommen.

Bei der Herleitung der Gleichungen im Abschnitt 2 war angenommen worden, daß nur die Kette elastisch ist. Die Forderung nach vollkommener Starrheit kann von dem Prüfstand nur beschränkt erfüllt werden. So betrugen bei den Messungen der mit der Umlauffrequenz periodischen Vorgänge:

Die Steifigkeit der Kette: $c = 171$ kp/mm
Die Steifigkeit des Prüfstandes: $c_p = 855$ kp/mm

Der Anteil der Prüfstandselastizität an der Drehfederung des betrachteten Systems ist demnach nicht sehr bedeutend. Bei den quantitativen Auswertungen in den folgenden Abschnitten ist sie allerdings jeweils berücksichtigt worden.

3.3 Die mit der Zahnfrequenz periodischen Vorgänge

Zur stichprobenartigen Kontrolle der errechneten Drehschwingungsamplituden und der dynamischen Kettenbelastung, soweit diese durch die Polygonwirkung der Kettenräder mit der Zahnfrequenz erregt werden, wurden gemessen:

Die Abhängigkeit der Drehschwingungsamplituden von dem Frequenzverhältnis $\frac{\omega_z}{\omega_e}$ (Abb.51).

Die Abhängigkeit der dynamischen Kettenbelastung von dem Frequenzverhältnis $\frac{\omega_z}{\omega_e}$ (Abb.52).

Die Abhängigkeit der Drehschwingungsamplituden der treibenden Welle von dem Massenverhältnis j (Abb.53).

Die Abhängigkeit der dynamischen Kettenbelastung von der Zähnezahl (Abb.54).

Die technischen Daten der Versuchstriebe sind jeweils angegeben. Die errechneten Kurven sind nach den Gleichungen (2.1/29) und (2.2/36) bestimmt und als ausgezogene Linien dargestellt. Die Meßwerte sind als Punkte, Kreise oder Kreuze eingezeichnet.

Die Trägheitsmomente an der treibenden und getriebenen Welle wurden so klein bemessen, daß der Drehschwingungsgeber oberhalb seiner niedrigsten Meßfrequenz im interessierenden Meßbereich arbeitete und so groß gewählt, daß eine genügende Drehzahlkonstanz erreicht werden konnte.

Auf diese Weise lagen die Resonanzdrehzahlen etwa bei 30 U/min. Die genaue Drehzahlbestimmung konnte durch paralleles Schreiben einer Zahn- und Zeitmarke ermöglicht werden. Zur Aufzeichnung der Zahnmarke wurden zwei berührungslose induktive Geber verwendet. Der eine Geber stand vor den Zähnen des laufenden Kettenrades. Seine Induktivität wurde immer dann vergrößert, wenn sich ein Zahn in der Nähe des Gebers befand. Der zweite Geber war vor der Nabe des Kettenrades angeordnet und änderte somit bei laufendem Kettenrad seine Induktivität nicht. Beide Geber sind in die Zweige einer Meßbrücke geschaltet und geben somit eine Zahnmarke (Abb.57).

Das Muster eines Schriebes ist in Abbildung 50 gezeigt. Gemessen wurde die dynamische Kettenbelastung in Resonanznähe. Die Daten des Versuchstriebes entsprechen der Abbildung 52. Die Kette hatte zwei Meßglieder,

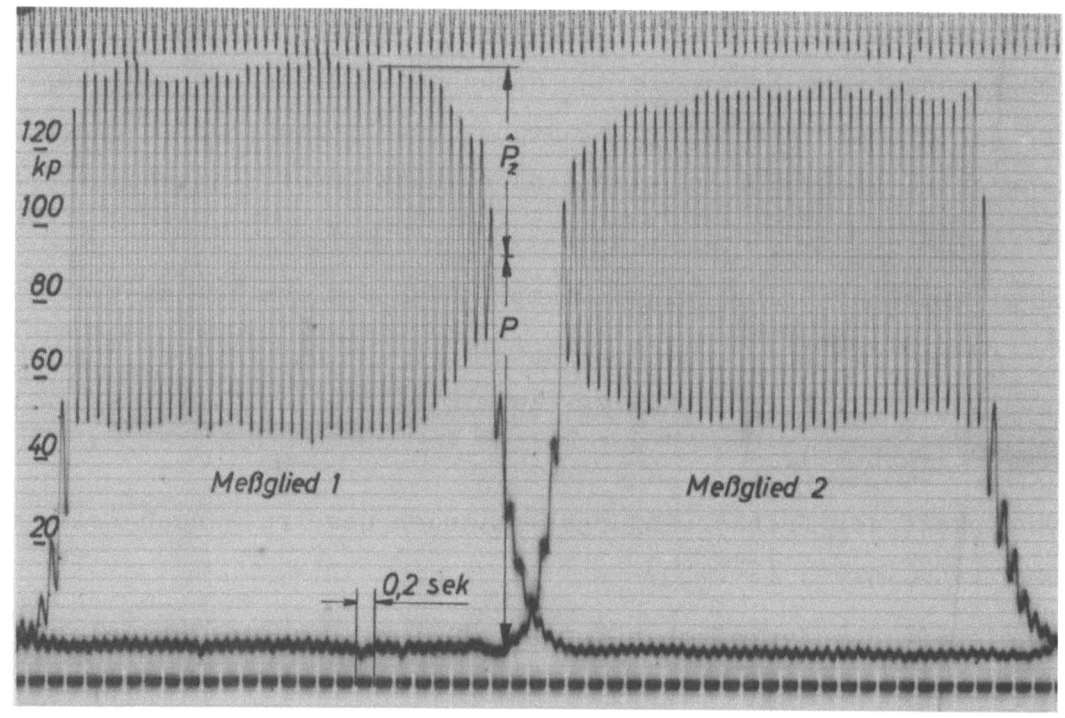

Abbildung 50
Musterschrieb der Resonanzamplituden der mit der Zahnfrequenz periodischen Kettenbelastung

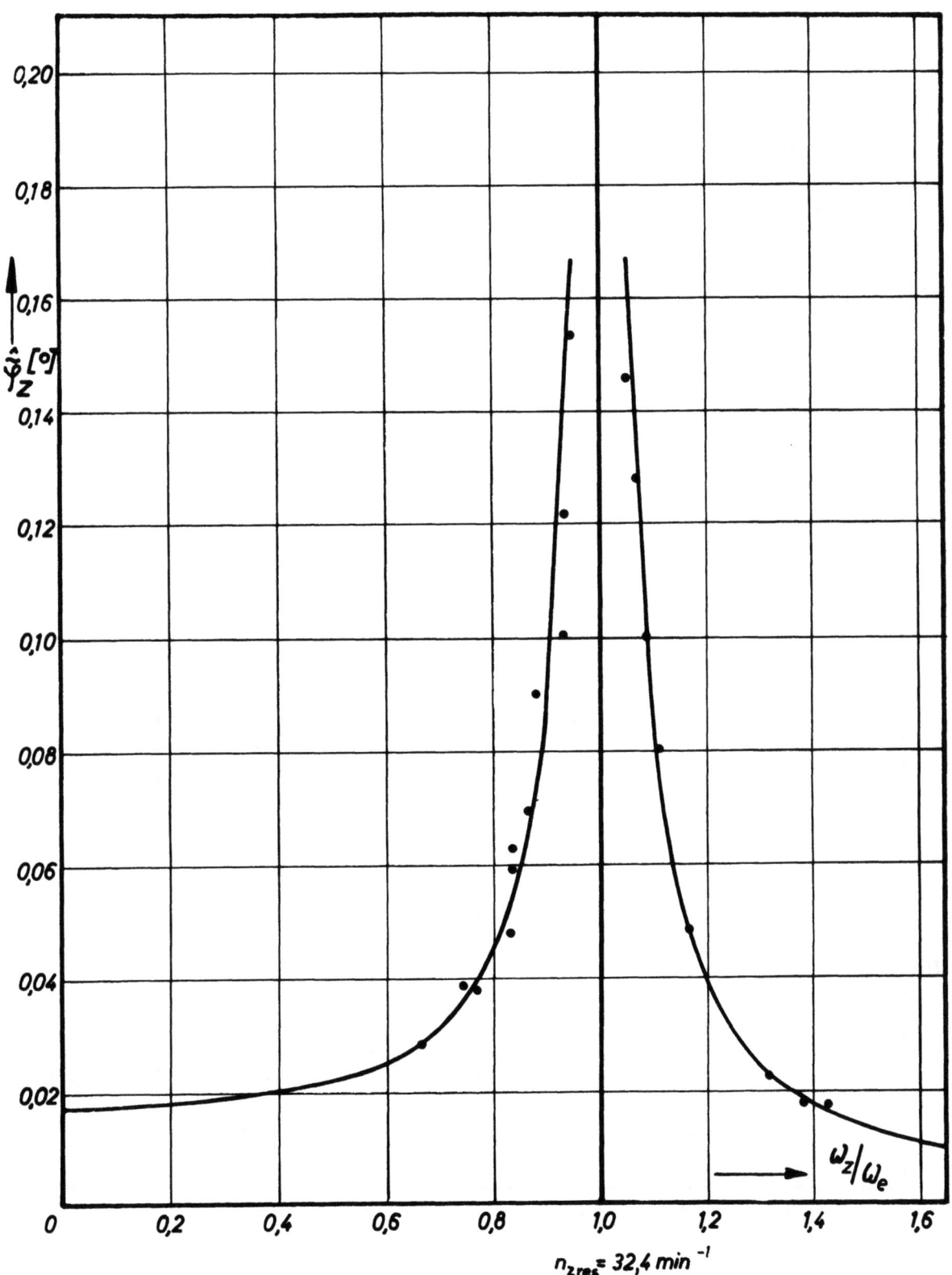

Abbildung 51

Daten des Versuchstriebs:

Md_1 = 3 mkp; Θ_1 = 9,5 kpcmsek^2; z_1 = 19 Zähne; p = 206 kp/cm^2;

i = 1; j = 1; ξ = 0,5;

Kette: 12,7 x 6,4 x 7,75 DIN 8187 mit geraden Laschen. X = 100 Gld.

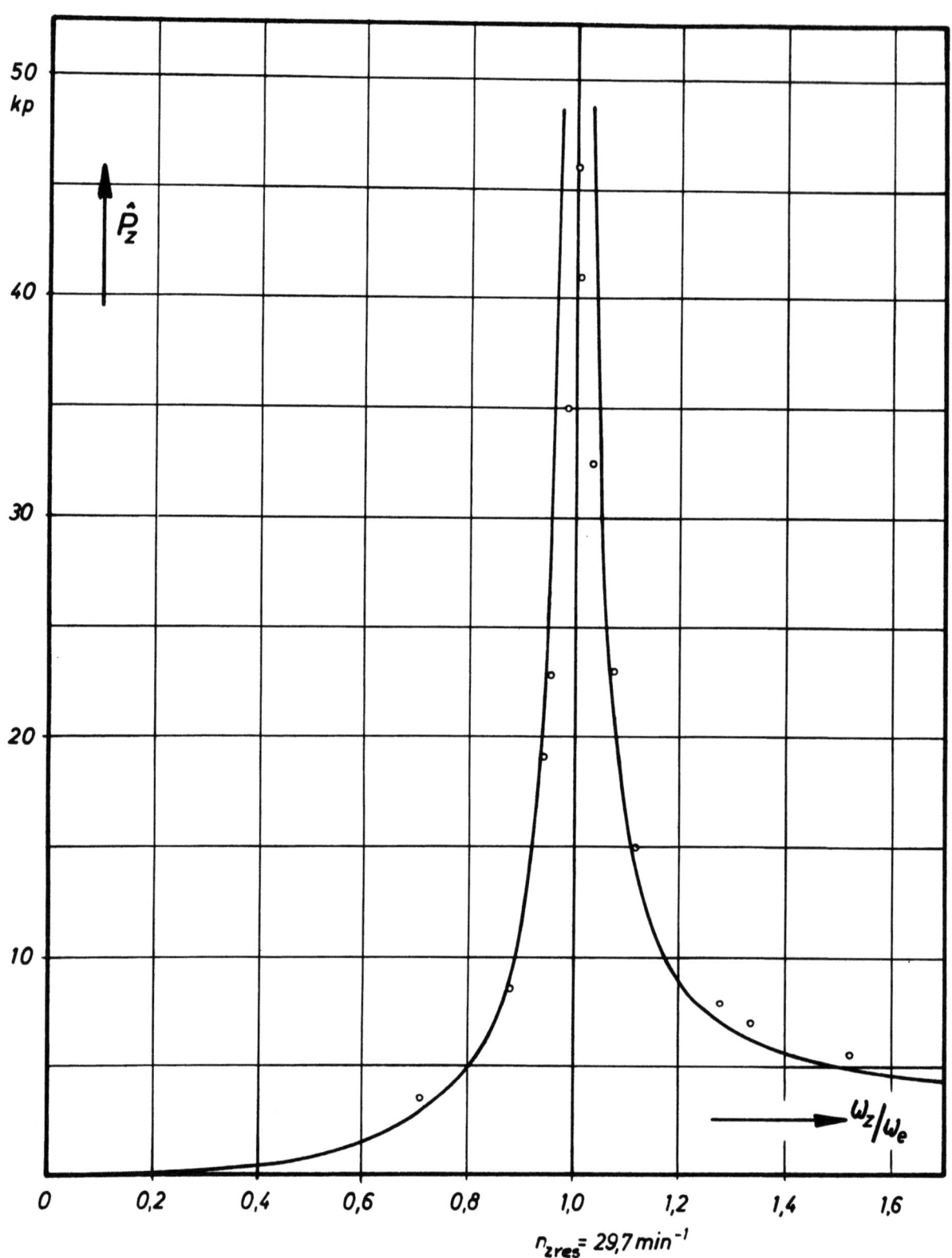

Abbildung 52

Daten des Versuchstriebs:

$Md_1 = 3,16$ mkp; $\Theta_1 = 9,5$ kpcmsek^2; $z_1 = 19$ Zähne; $p = 217$ kp/cm^2

$i = 1$; $j = 1$; $\xi = 0,5$.

Kette: 12,7 x 6,4 x 7,75 DIN 8187 mit geraden Laschen; X = 100 Gld.

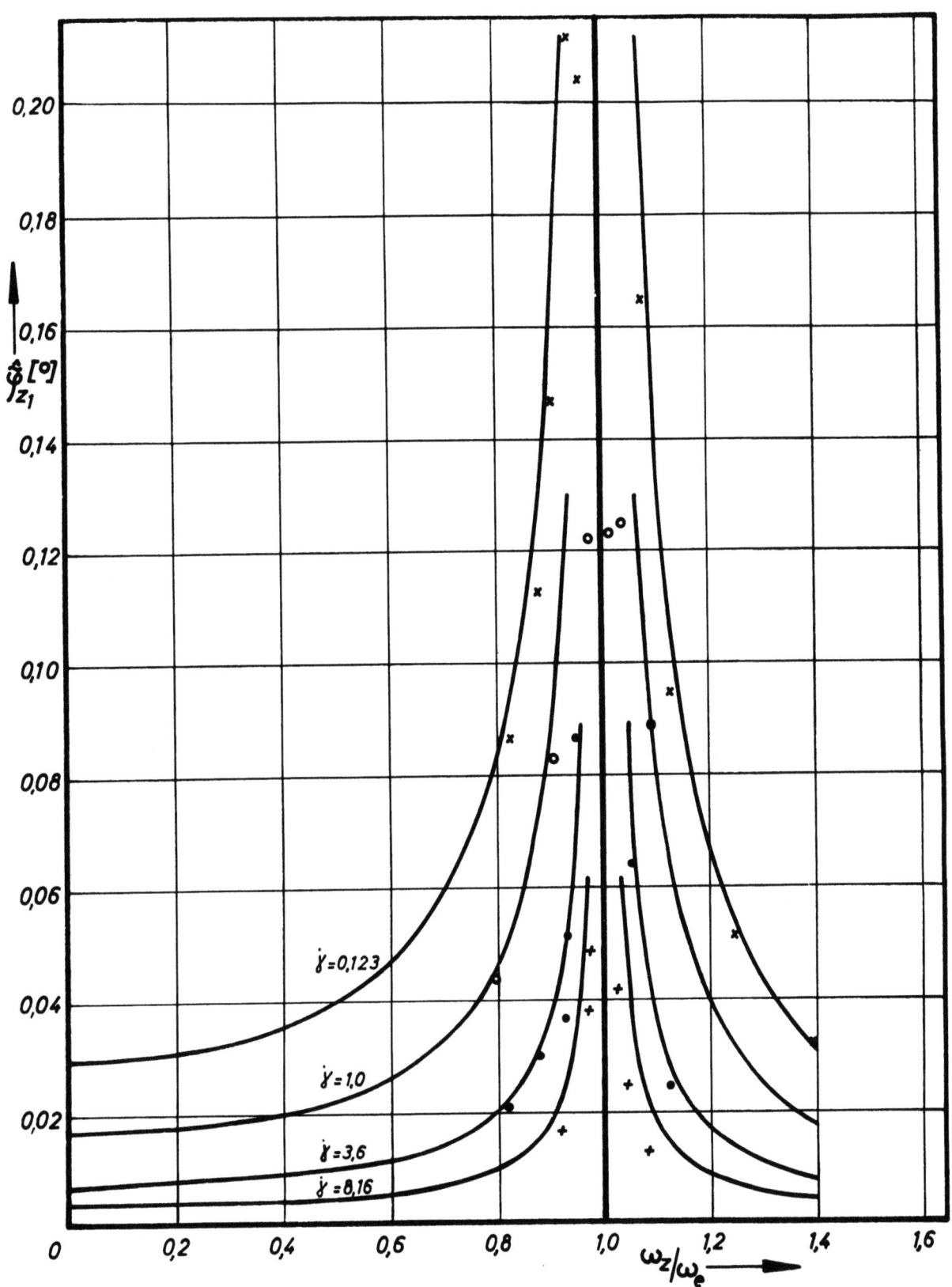

Abbildung 53

Daten des Versuchstriebe:

$Md_1 = 3$ mkp; Θ_1-variiert; $z_1 = 19$ Zähne; $p = 206$ kp/cm^2

$i = 1$; $\xi = 0,5$; j - variiert.

Kette: 12,7 x 6,4 x 7,75 DIN 8187 mit geraden Laschen; X = 100 Gld.

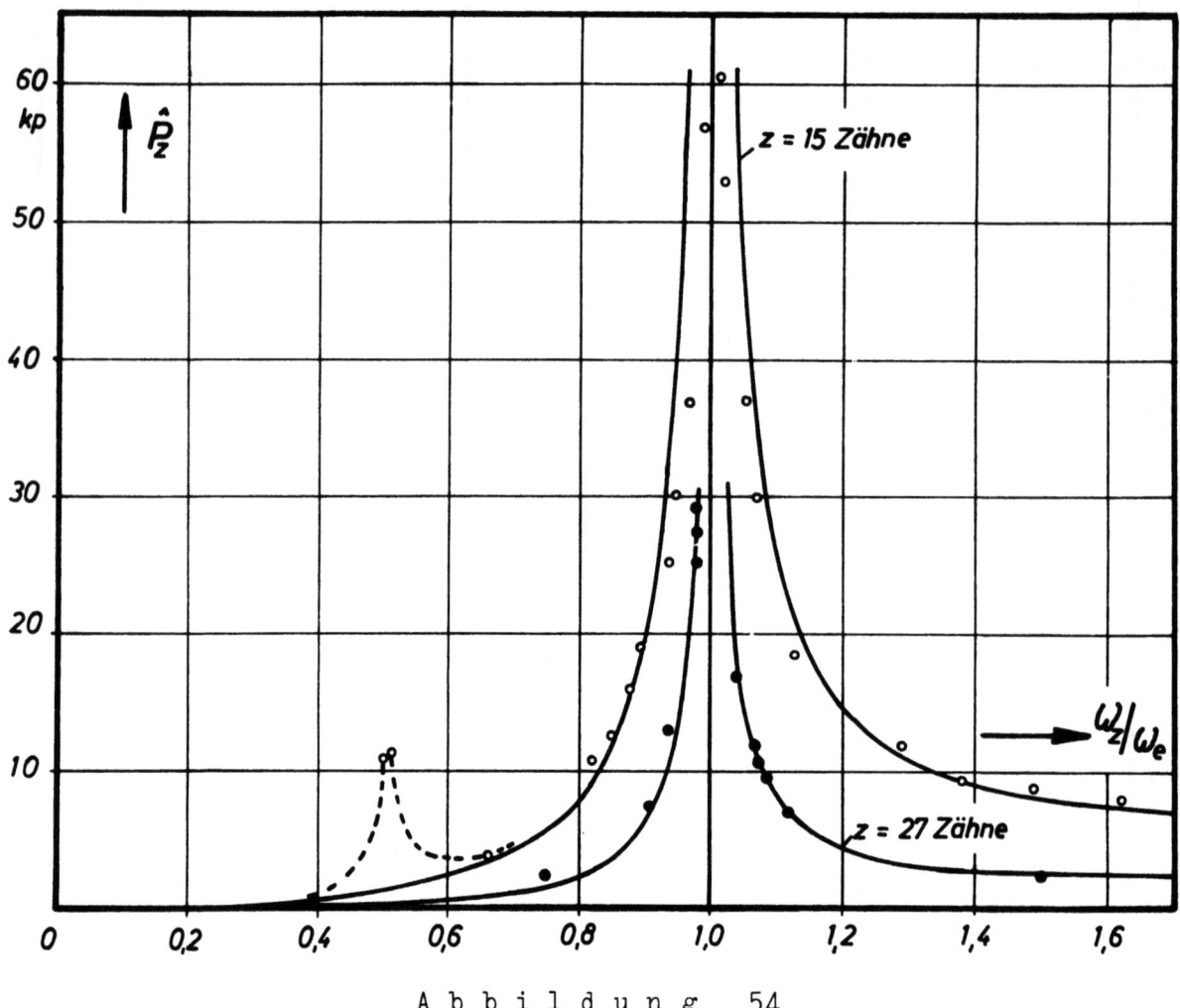

Abbildung 54

Daten des Versuchstriebs:

$Md_1 = 2,5\ (4,5)$ mkp; $\Theta_1 = 9,5$ kpcmsek^2; $z_1 = 15\ (27)$ Zähne; $p = 216$ kp/cm^2; $i = 1$; $j = 1$; $\xi = 0,5$.
Kette: 12,7 x 6,4 x 7,75 DIN 8187; X = 100 Glieder.

die so angeordnet waren, daß jeweils eines sich im belasteten Trum befindet. Am linken Anfang des Schriebes läuft das Meßglied Nr.1 über das getriebene Rad in den belasteten Trum ein. Während das Meßglied Nr.1 vom getriebenen Rad zum treibenden Rad durch den belasteten Trum läuft (linke Hälfte des Schriebes) erfährt es die mit der Zahnfrequenz periodische dynamische Belastung. In der Mitte des Schriebes läuft das Meßglied Nr.1 über das treibende Kettenrad in den nicht belasteten Trum und zur gleichen Zeit erfolgt der Kraftaufbau für das Meßglied Nr.2 über dem getriebenen Rad. In der rechten Hälfte des Schriebes befindet sich das Meßglied Nr.2 im belasteten Trum und registriert die dynamischen Belastungen, während das Meßglied Nr.1 durch den nichtbelasteten Trum vom treibenden zum getriebenen Rad läuft.

Am oberen Rand des Schriebes ist die Zahnmarke angeordnet, am unteren Rand ist die Zeitmarke von 5 Hz zu erkennen.

Alle Versuche wurden mit fabrikneuen Ketten durchgeführt. Bei auftretendem Kettenverschleiß vergrößert sich die Teilung der Außenglieder, während die Teilung der Innenglieder unverändert bleibt.

Auf diese Weise kommt bei stärker verschlissenen Ketten schließlich nur noch jede zweite Kettenrolle mit einem Radzahn in Berührung. In diesem extremen Fall liegt eine Erregung mit der halben Zahnfrequenz vor. Die Polygonwirkung entspricht derjenigen eines Kettenrades mit der halben Zähnezahl.

Für einen ausgewählten Trieb ist in Abbildung 55 die Zunahme der mit der Zahnfrequenz periodischen dynamischen Kettenbelastung bei wachsendem Verschleiß gezeigt. Für die Versuche wurden Ketten mit vergrößert gestanzter Teilung der Außenglieder verwendet, so daß ein definierter Verschleiß künstlich vorgegeben werden konnte. Die Teilungsvergrößerung, wie sie in Abbildung 55 für die einzelnen Schriebe angegeben ist, bezieht sich auf die Gesamtlänge der Kette. Der Schrieb mit der Angabe $\frac{\Delta t}{t} = 3\%$ ist demnach mit einer Kette gefahren worden, die Innenglieder von normaler Teilung hatte und deren Außenglieder um 6 % vergrößert gestanzt waren.

Die befriedigende Übereinstimmung der Meßwerte mit den gerechneten Ergebnissen rechtfertigt nachträglich die vereinfachende Annahme der Vernachlässigung der höheren Harmonischen der Fourier-Entwicklung in den Gleichungen (2.1/29) und (2.1/36). Immerhin konnte bei den Messungen nach Abbildung 54 die Resonanz der Eigenschwingung des Systems und der zweiten Harmonischen der Zahnfrequenz gemessen werden. Zwei Meßwerte in Resonanznähe, d.h. bei dem Frequenzverhältnis $\frac{\omega_z}{\omega_e} = 0,5$ sind eingezeichnet.

Eine nennenswerte Abhängigkeit der mit der Zahnfrequenz periodischen dynamischen Kettenbelastung von der Zahnform bzw. von dem Flankenwinkel der Verzahnung konnte bei Versuchen bis zu Umfangsgeschwindigkeiten von 5 m/sek nicht festgestellt werden.

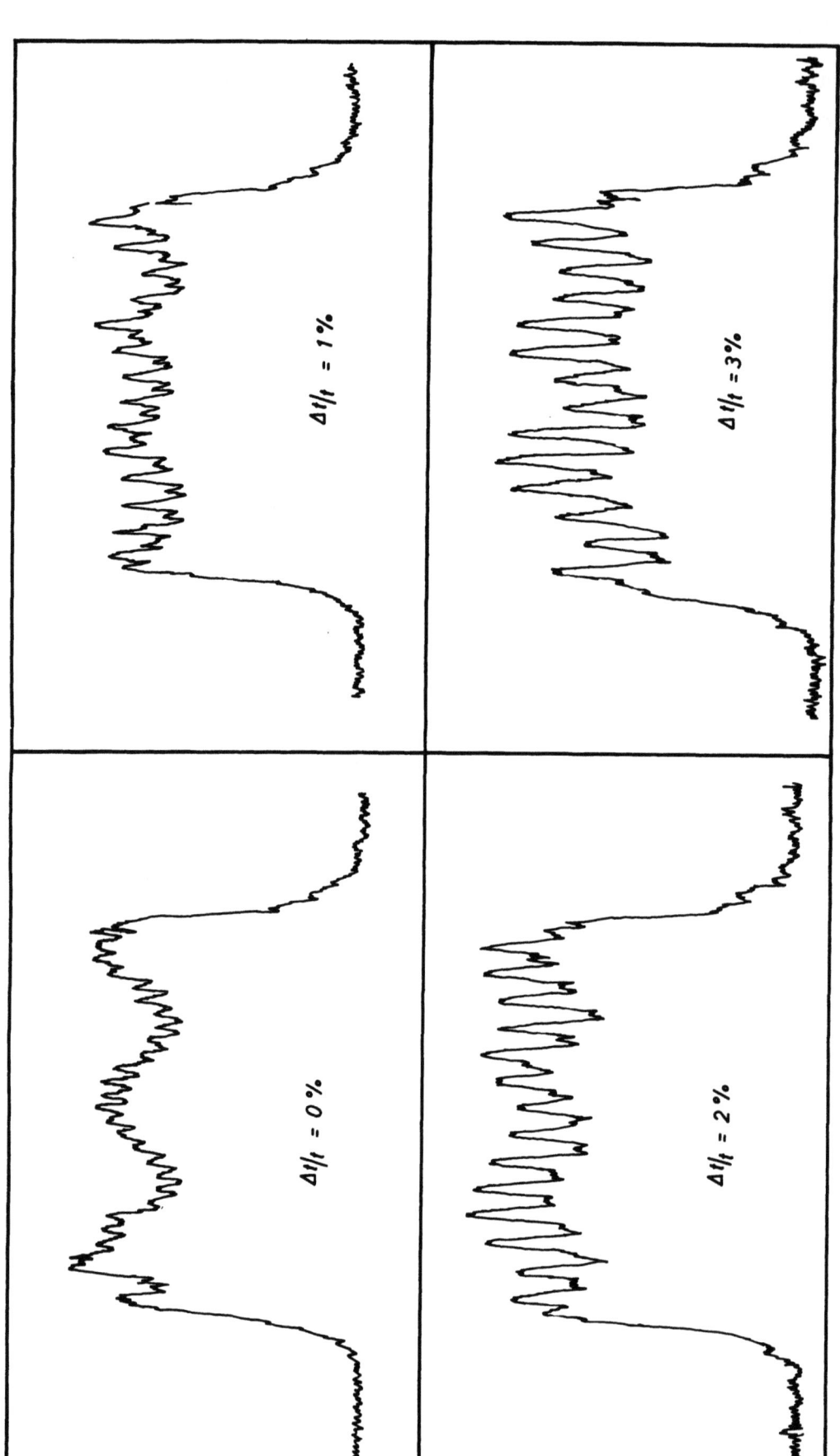

Abbildung 55

Die Abhängigkeit der mit der Zahnfrequenz erregten dynamischen Kettenbelastung vom Kettenverschleiß

Daten des Versuchstriebs:

M_{d1} = 2,15 mkp; n_1 = 1000 min; z_1 = 19 Zähne; i = 1; ξ = 0,5.
Kette: 127 x 7,75 x 8,51; DIN 8187; X = 76 Glieder

3.4 Die mit den Drehfrequenzen der Kettenräder periodischen Vorgänge

Die mit den Drehfrequenzen der Kettenräder periodischen Drehschwingungsvorgänge werden durch die unvermeidlichen Exzentrizitäten der Kettenräder verursacht. Um einen quantitativen Vergleich der Meßergebnisse mit den Rechenwerten nach den Gleichungen (2.2/6) und (2.2/7) durchführen zu können, wurden Kettenräder mit einstellbaren Exzentrizitäten angefertigt. Die Kettenräder sind in Abbildung 56 gezeigt. Sie bestehen aus einem Nabeneinsatz, dessen Außendurchmesser exzentrisch zur Bohrung gearbeitet ist und einem Kettenrad-Teil dessen Bohrung exzentrisch zum Fußkreis der Verzahnung hergestellt ist.

A b b i l d u n g   56

Kettenräder mit verstellbaren Exzentrizitäten

Durch relatives Drehen des Nabeneinsatzes im Kettenradteil kann eine Exzentrizität des Kettenrades bezogen auf die Prüfstandswelle von etwa 0 bis 1 mm in Stufen eingestellt werden. Die Übertragung des Drehmomentes von dem Radteil auf den Nabeneinsatz erfolgt über eine Kerbverzahnung.

Die tatsächliche Exzentrizität des Rades wird nach dem Festziehen auf der Prüfstandwelle auf dem Fußkreis der Verzahnung mit einer Meßuhr bestimmt. Die Lage der größten Exzentrizität wird über eine auf die Kettenradnabe gezogene Schelle durch einen Zeiger markiert.

Die relative Lage der Exzentrizitäten am treibenden und getriebenen Kettenrad kann mit Hilfe von zwei Winkeleinteilungen an den Lagerböcken des Prüfstandes eingestellt und gemessen werden (s.Abb.57).

Abbildung 57

Ausrüstung des Prüfstandes zur Messung der mit den Drehfrequenzen der Kettenräder periodischen Drehschwingungsvorgänge

1. Winkeleinteilung,
2. Fasenzeiger,
3. Zahnmarkengeber,
4. Drehzahlgeber,
5. Meßglieder,
6. Hilfstrieb für die Meßdrahtführung,
7. Schleifringübertrager.

Während die Anordnung von zwei Meßgliedern zur Längskraftmessung in der Kette bei der Betrachtung der mit der Zahnfrequenz periodischen Vorgänge allenfalls der besseren Papierausnutzung diente, ist der Einsatz von zwei Meßgliedern bei der Untersuchung der mit den Drehfrequenzen der Kettenräder periodischen Vorgänge notwendig, um einen genügenden Überblick über den Verlauf der Schwingung zu erhalten. Dies zeigt ein Musterschrieb der gemessenen dynamischen Längskraft in der Kette bei Erregung durch die Exzentrizitäten der Kettenräder (Abb.58).

Die exakte Messung der durch die Exzentrizitäten der Kettenräder verursachten Drehschwingungsvorgänge wurde verfälscht durch das Zusammenfallen der Erregung mit den Drehfrequenzen der Kettenräder und der Erregung durch die höheren Harmonischen der Umlauffrequenz. Um die gegenseitige Beeinflussung der beiden Erregungsmöglichkeiten möglichst gering zu halten, wurde ein relativ großer Achsabstand gewählt. Außerdem wurde die Exzentrizität der Kettenräder verhältnismäßig groß gewählt.

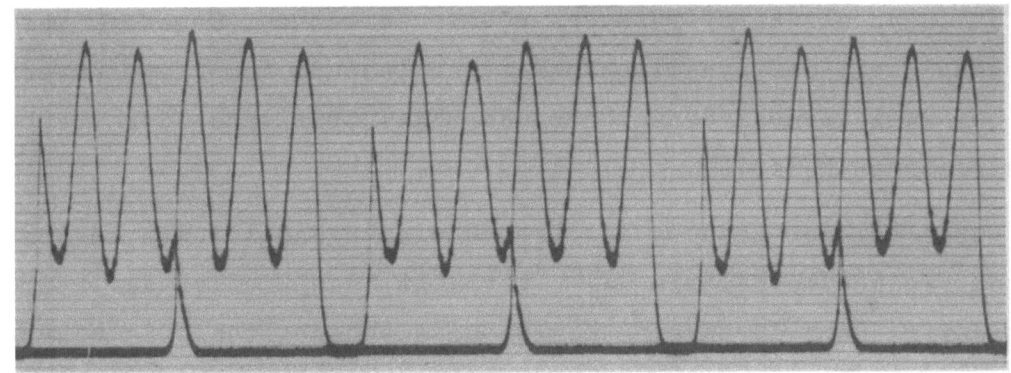

Abbildung 58

Musterschrieb der dynamischen Kettenbelastung bei Erregung durch die Exzentrizitäten der Kettenräder

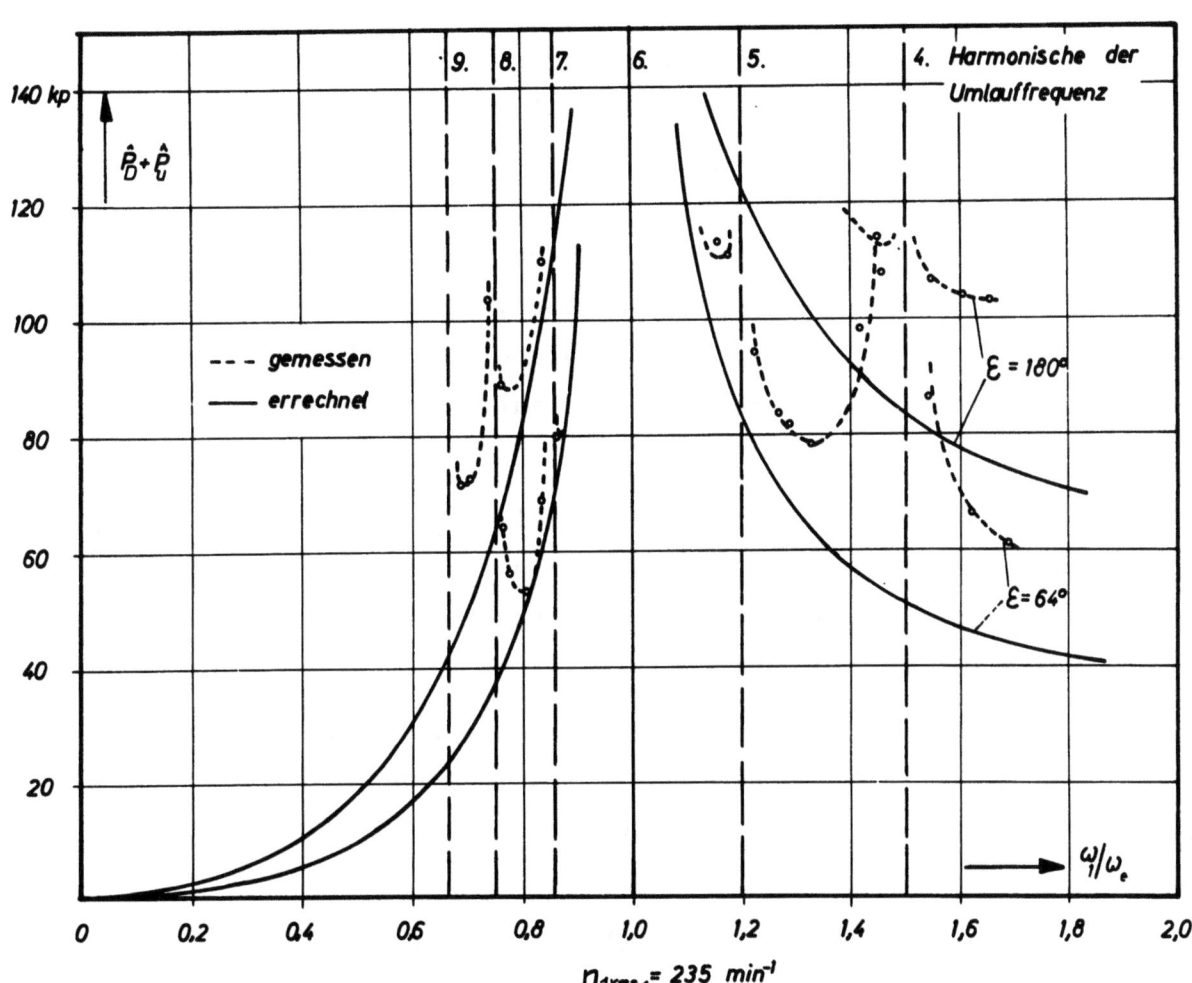

Abbildung 59

Die dynamische Kettenbelastung in der Nähe der Resonanz $\omega_1 = \omega_e$

Daten des Versuchstriebs:

$Md_1 = 4,2$ mkp; $\Theta_1 = 51,49$ kpcmsek^2; $z_1 = 19$ Zähne; $e_1 = 0,286$ mm;
$i = 1$; $j = 1$; $\eta = 0,888$; $p = 288$ kp/cm^2.
Kette: 12,7 x 6,4 x 7,75 DIN 8187; X = 114 Glieder.

Immerhin ist in Abbildung 59 der Einfluß der 4. bis 8. Harmonischen der Umlauffrequenz als Erregerursache noch zu erkennen. Gemessen wurde hier die Abhängigkeit der dynamischen Kettenbelastung vom Frequenzverhältnis $\frac{\omega_1}{\omega_e}$ bei zwei verschiedenen Fasen der Exzentrizitäten des treibenden und getriebenen Rades.

Daher wurde bei der Messung der Drehschwingungsamplituden in Abhängigkeit vom Frequenzverhältnis $\frac{\omega_1}{\omega_e}$ versucht, den Einfluß der Harmonischen der Umlauffrequenz durch eine Korrektur auszuschalten. Die Meßergebnisse nach Berücksichtigung der Korrektur sind in Abbildung 60 gezeigt. Die Korrekturkurve ist bei einer Fase von etwa $2°$ zwischen den Exzentrizitäten des treibenden und getriebenen Rades gemessen worden. Bei dieser geringen Fase gibt die Messung vorwiegend den Einfluß der höheren Harmonischen der Umlauffrequenz als Erregungsursache wieder.

Um die Schwingungsform der Drehschwingung mit den Überlegungen des Abschnittes 2.2 zu vergleichen, war es nötig, die Exzentrizität der Kettenräder weiter zu vergrößern, um den störenden Einfluß der höheren Harmonischen der Umlauffrequenz ganz auszuschalten. Bei den somit notwendigen Exzentrizitäten war allerdings ein Betrieb in Resonanznähe oder im überkritischen Bereich nicht mehr möglich, da die dynamischen Kettenbelastungen zu groß wurden. Aus diesem Grund bot sich für die Messung der Schwingungsform die Bestimmung des Verlaufs der Drehschwingung der Wellen im unterkritischen Bereich an.

So wurde in Abbildung 61 für das Beispiel eines kleinen ganzzahligen Übersetzungsverhältnisses i = 2 der Verlauf der Schwingungsform in Abhängigkeit von der Fase ε gezeigt. Die gerechneten und gemessenen Amplituden sind einander gegenübergestellt.

Weiter wurde für das Beispiel eines nichtganzzahligen Übersetzungsverhältnisses mit z_1 = 19 Zähnen und z_2 = 30 Zähnen der Verlauf der Drehschwingung der Welle 1 gemessen und mit einem errechneten Verlauf verglichen.

Die Schwingungsform ist in dem gewählten Beispiel mit 30 Umdrehungen der Welle 1 und 19 Umdrehungen der Welle 2 periodisch. Dabei besteht jede Periode aus zwei symmetrischen Teilen. In Abbildung 62 ist eine Symmetriehälfte der Schwingungsperiode mit 15 Umdrehungen der Welle 1 gezeigt.

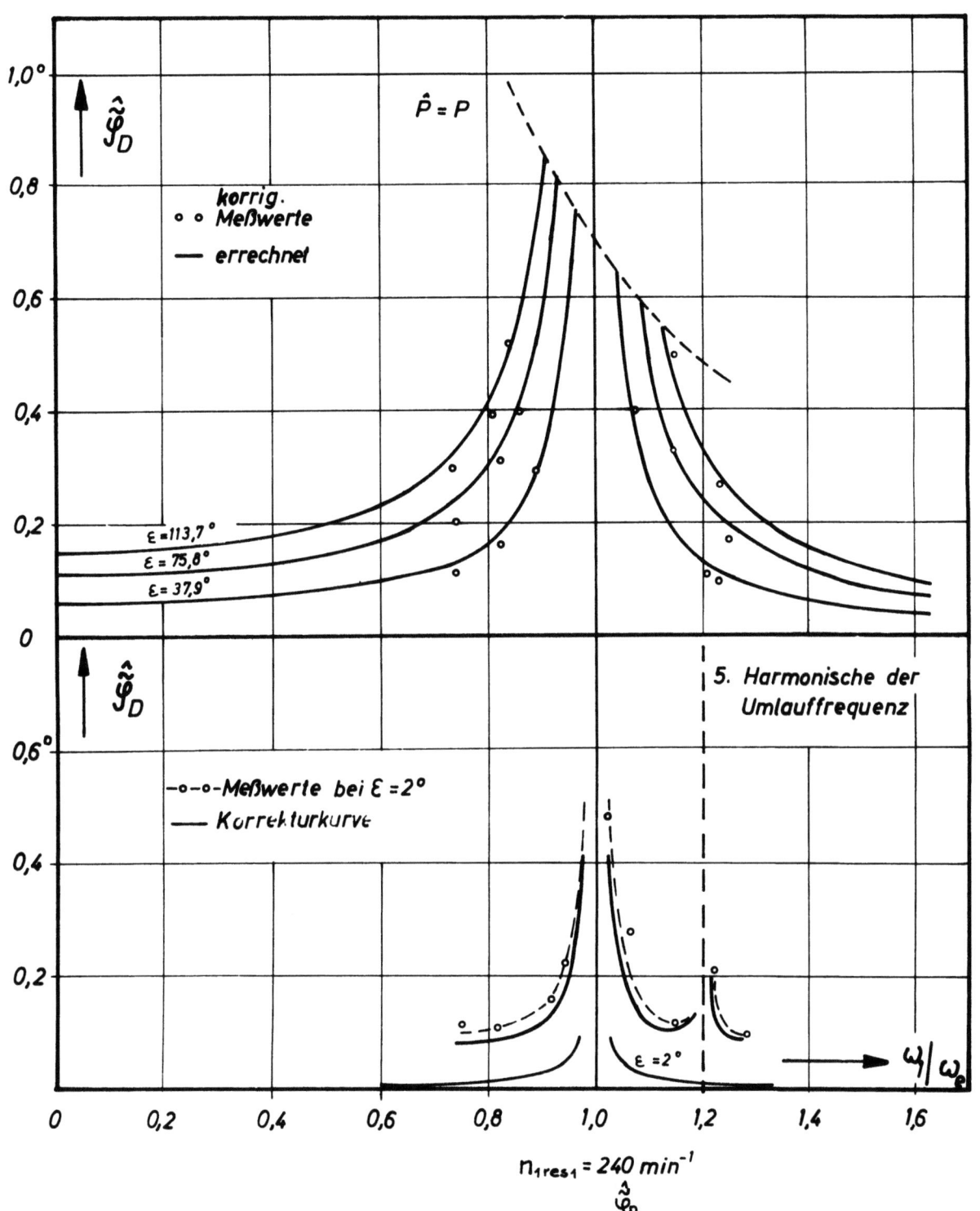

Abbildung 60

Die Drehschwingungsamplituden $\hat{\tilde{\varphi}}_D$ in Abhängigkeit vom Frequenzverhältnis ω_1/ω_e bei einigen Fasen ε, unter Ausschalten der mit den Harmonischen der Umlauffrequenz erregten Anteile

Daten des Versuchstriebs:

Md_1 = 4 mkp; Θ_1 = 51,49 kpcmsek^2; z_1 = 19 Zähne; e_1 = 0,122 mm; i = 1; j = 1; η = 0,961; p = 274 kp/cm^2.

Kette: 12,7 x 6,4 x 7,75 DIN 8187; X = 114 Glieder.

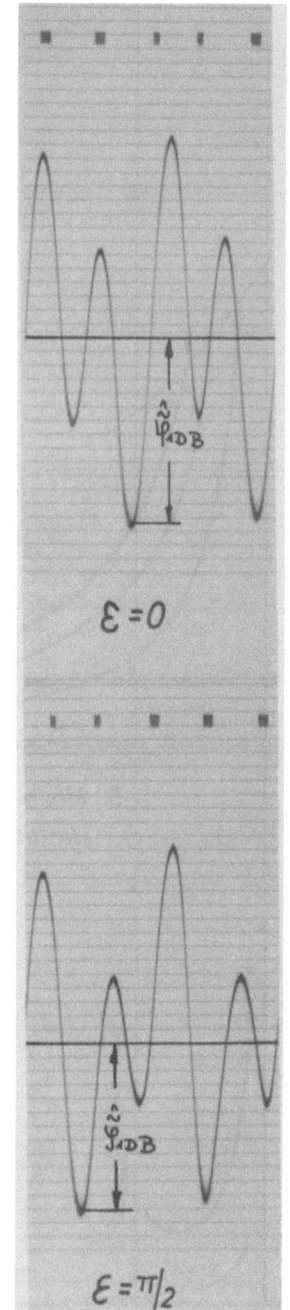 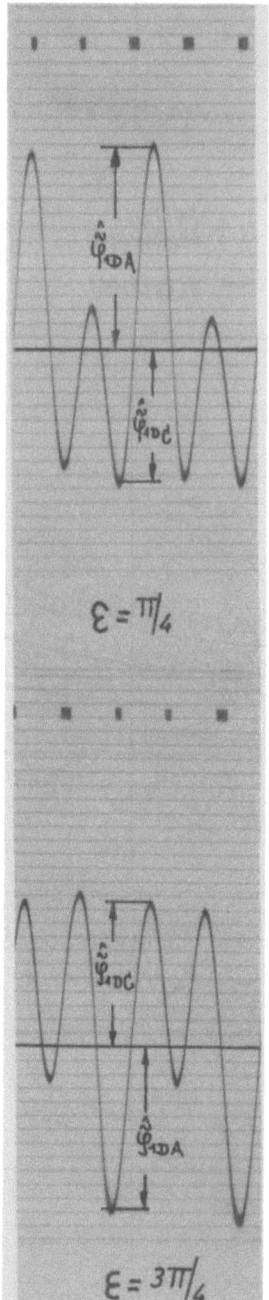

	errechnet	gemessen
$\tilde{\varphi}_{1DA}$	0,791	0,78
$\tilde{\varphi}_{1DB}$	0,705	0,71
$\tilde{\varphi}_{1DC}$	0,504	0,50

Abbildung 61

Die Schwingungsformen $\tilde{\varphi}_D = f(\lambda)$ bei $i = 2$ und ausgewählten Fasen ε.

Daten des Versuchstriebs:

$Md_1 = 6,25$ mkp; $\Theta_1 = 51,49$ kpcmsek^2; $z_1 = 19$ Zähne; $e_1 = 0,96$ mm;
$i = 1$; $j = 1$; $\eta = 1,016$; $n_1 = 252$ min^{-1}; $\frac{\omega_1}{\omega_e} = 0,63$.
Kette: 12,7 x 6,4 x 7,75 DIN 8187; X = 114 Glieder.

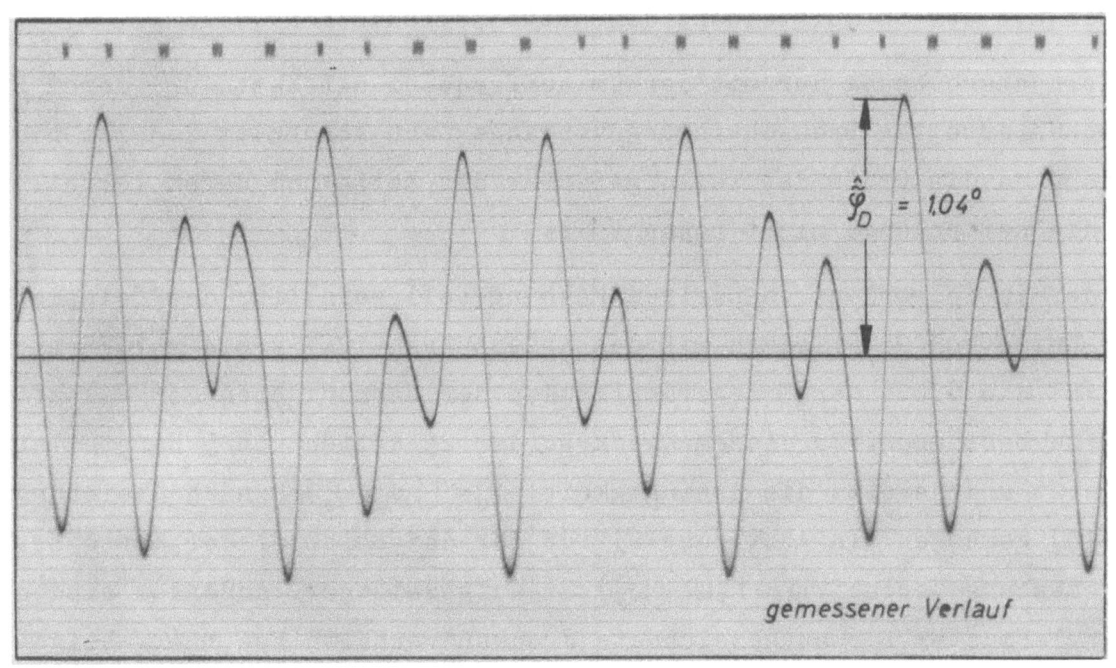

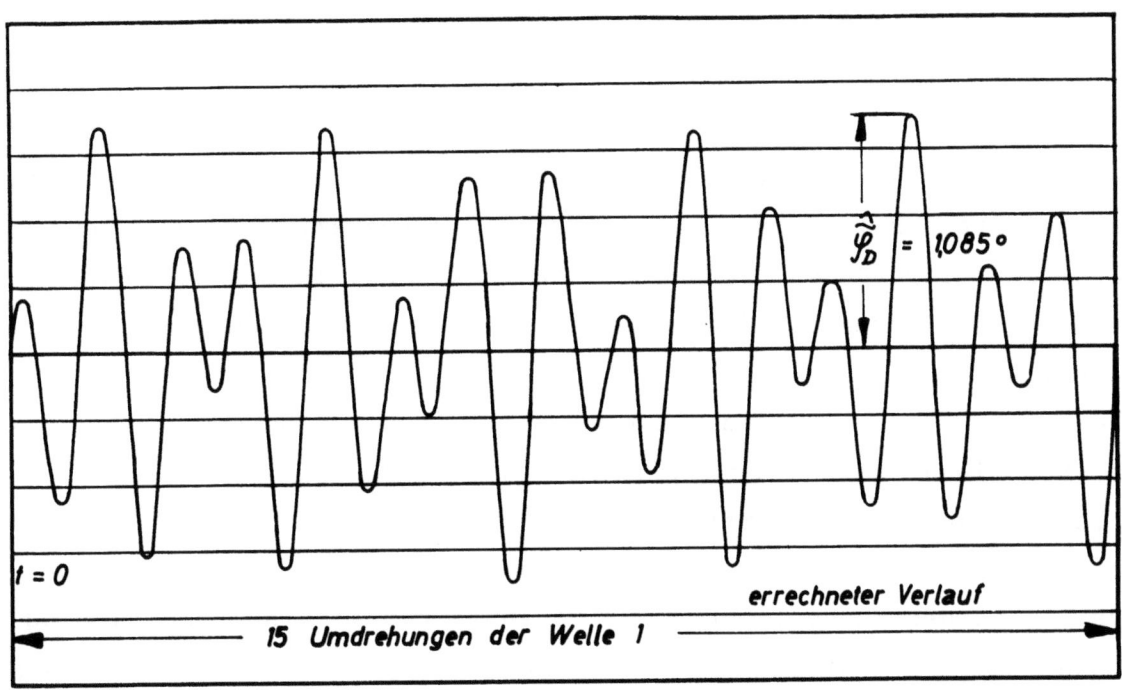

Abbildung 62

Die Schwingungsform $\widetilde{\varphi}_D = f(t)$ bei $i = \frac{30}{19}$

Daten des Versuchstriebs:

$Md_1 = 7,3$ mkp; $\Theta_1 = 39,16$ kpcmsek^2; $z_1 = 19$ Zähne; $e_1 = 0,96$ mm;

$i = 1,58$; $j = 1$; $\eta = 1,008$; $\quad n_1 = 213$ min^{-1}; $\quad \frac{\omega_1}{\omega_e} = 0,571$.

Kette: 12,7 x 6,4 x 7,75 DIN 8187; X = 113 Glieder

3.5 Die mit der Umlauffrequenz der Kette periodischen Vorgänge

Die Vorausberechnung der mit der Umlauffrequenz der Kette und deren Harmonischen erregten Drehschwingungsvorgänge nach Abschnitt 2.3 ist nicht möglich, da die Größe der Teilungsfehler der Kette und deren Verteilung über die Kettenlänge nicht bekannt ist.

Ziel der im folgenden behandelten Messung soll sein, für das Beispiel einer Kette von 98 Gliedern mit den Abmessungen 12,7 x 6,4 x 7,75 nach DIN 8187 die Größe der Erregeramplituden der Harmonischen der Umlauffrequenz zu bestimmen. Zu diesem Zweck wurden 25 Ketten von 5 Herstellern beschafft und jeweils die Abhängigkeit $\hat{\tilde{\varphi}}_u = f(\omega_u/\omega_e)$ nach Gleichung (2.3/10) gemessen. In Abbildung 63 ist für das Beispiel der Kette Nr.111 der gemessene Verlauf $\hat{\tilde{\varphi}}_u = f(\omega_u/\omega_e)$ aufgezeichnet. Außerdem sind einige Schriebmuster für ausgezeichnete Frequenzverhältnisse ω_u/ω_e beigelegt. Die Messung wurde mit dem Drehschwingungsgeber Nr.2 der Firma Hottinger durchgeführt. Die Daten des Versuchstriebs sind in Abbildung 64 angegeben.

Die Schriebe waren in ausreichender Weise reproduzierbar und auch bei Einsatz verschiedener Kettenräder ergaben sich keine wesentlichen Änderungen der Drehschwingungsamplituden. Für die Auswertung wurden jeweils die größten auftretenden Drehamplituden verwertet, in der Hoffnung, auf diese Weise die Summe der Drehamplituden der einzelnen Harmonischen zu erhalten. Diese Annahme ist nur bedingt richtig und das Ergebnis gilt nur bei einer speziellen Fasenlage $\varepsilon_{\nu u}$ der einzelnen Harmonischen zueinander. Bei Einsatz eines harmonischen Analysators könnte der Anteil der einzelnen Harmonischen ermittelt werden und damit das Ergebnis verbessert werden. Da aber bei etwa 40 Meßpunkten je Kette 1000 Schriebe hätten analysiert werden müssen, wurde der genannte Fehler hingenommen. Dies erscheint umsomehr gerechtfertigt, da es zunächst auf die Feststellung der Größenordnung der Erregeramplituden der Harmonischen ankam. Überdies konnte die besonders wichtige erste Harmonische der Erregeramplituden exakt bestimmt werden, da im Bereich $\omega_u/\omega_e > 1$ der Einfluß der höheren Harmonischen bereits abgeklungen ist. Der Frequenzgang des Gebers Nr.2 (Abb.47) ist durch Korrektur der Meßwerte berücksichtigt worden. Die Fasenverzerrung des Gebers beim Registrieren zweier Vorgänge unterschiedlicher Frequenz konnte unberücksichtigt bleiben, da die Fase der Harmonischen $\varepsilon_{\nu u}$ ohnehin nicht bekannt war (s.o.).

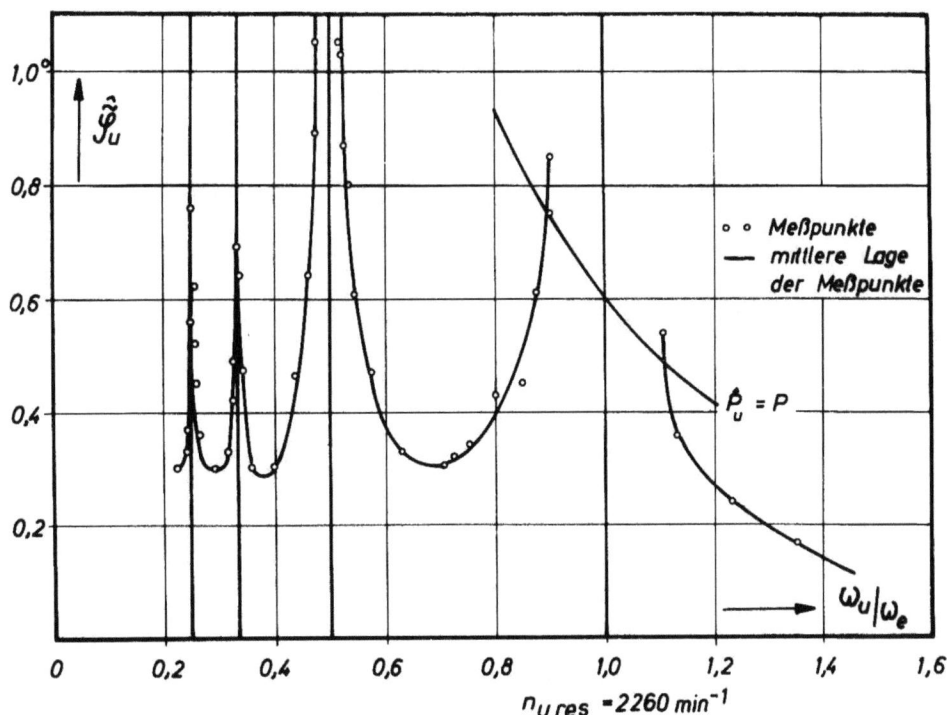

Musterschriebe bei ausgewählten Frequenzverhältnissen

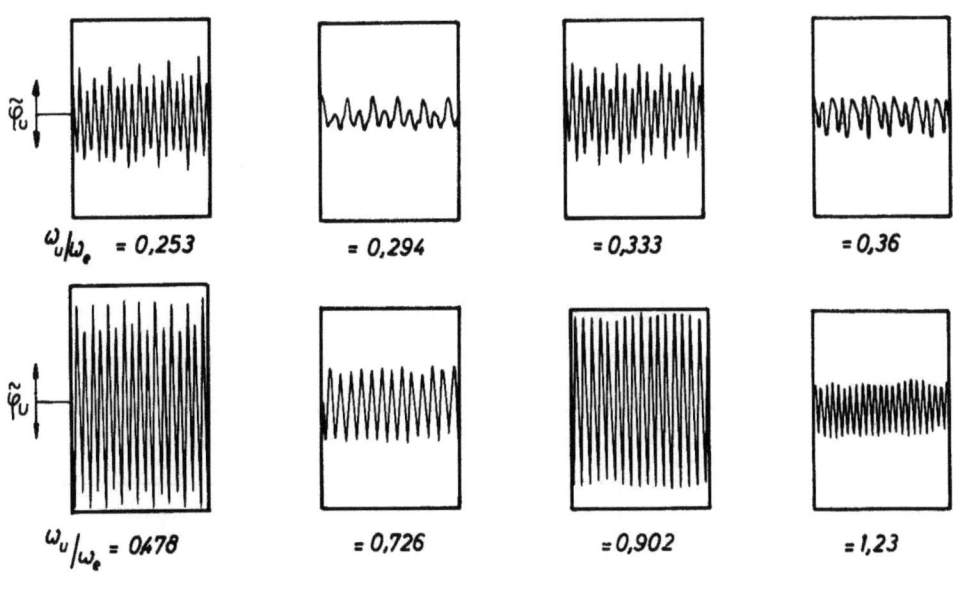

Abbildung 63

Die Drehschwingungsamplituden in Abhängigkeit vom Frequenzverhältnis ω_u/ω_e (Kette Nr. 111)

Daten des Versuchstriebs (s.Abb.64)

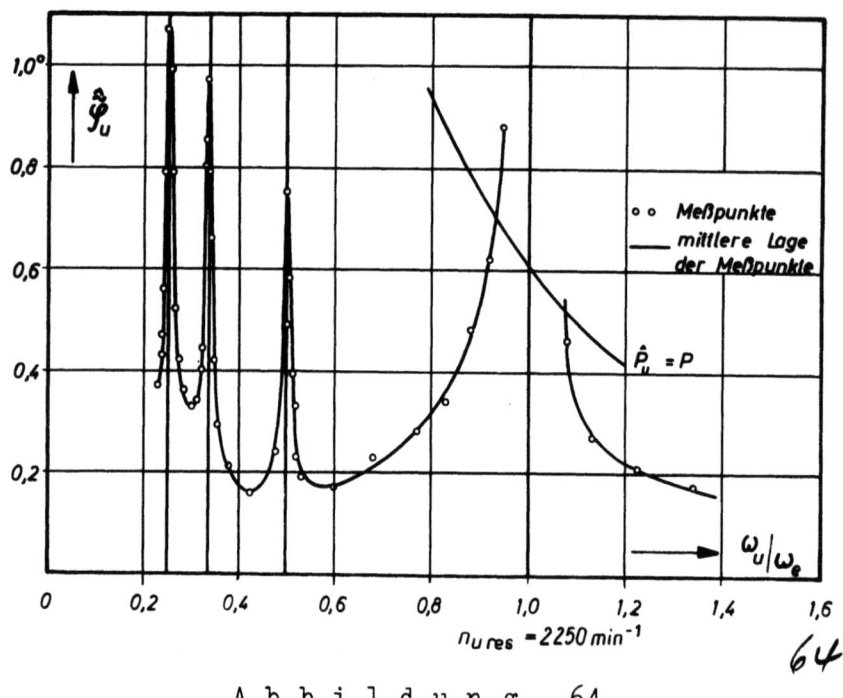

Abbildung 64

Die Drehschwingungsamplituden in Abhängigkeit vom
Frequenzverhältnis ω_u/ω_e (Kette Nr. 113)

Daten des Versuchstriebs:

Md_1 = 4 mkp; Θ_1 = 22,69 kpcmsek^2; z_1 =19 Zähne; e_1 = 0,03 mm;
p = 274 kp/cm^2; i = 1; j = 1; η = 0,67; ϵ = 0; ξ = 0,5.
Kette: 12,7 x 6,4 x 7,75 DIN 8187; X = 98 Glieder

In der folgenden Zusammenstellung sind die Erregeramplituden der ersten Harmonischen ϕ_o für die 25 Ketten aufgeführt. Dabei wurde ϕ_o nach Gleichung (2.3/14) aus den Meßwerten errechnet.

A		B		C		D		E	
Nr.	ϕ_o [mm]	Nr.	ϕ_o	Nr.	ϕ_o	Nr.	ϕ_o	Nr.	ϕ_o
101	0,189	106	0,218	111	0,186	116	0,127	121	0,220
102	0,610	107	0,244	112	0,148	117	0,308	122	0,202
103	0,307	108	0,221	113	0,150	118	0,364	123	0,151
104	0,210	109	0,084	114	0,083	119	0,096	124	0,154
105	0,347	110	0,275	115	0,207	120	0,342	125	0,226
Mittelwerte	0,332		0,208		0,155		0,247		0,210

Die großen römischen Buchstaben bezeichnen die einzelnen Kettenhersteller.
Die Ketten tragen die Nummern 101 bis 125. Im allgemeinen ist die Streuung

der Φ_o Werte eines Herstellers gering. Die Abweichung der mittleren Φ_o Werte der einzelnen Hersteller ist ebenfalls nicht bedeutend. Immerhin erscheint es möglich, eine Bewertung der Hersteller durchzuführen, insbesondere, wenn man die Werte der Hersteller A und C miteinander vergleicht. Ebenso könnte eine Klassierung der fertigen Ketten durch die Hersteller vorgeschlagen werden. So ist beispielsweise die Kette 119 der Kette 118 des Herstellers D vorzuziehen, falls sie für einen schnellaufenden Trieb eingesetzt werden soll.

Anders liegen die Verhältnisse bei den höheren Harmonischen der Erregeramplituden. Hier ist die Verteilung für alle Hersteller völlig regellos, entsprechend der statistischen Verteilung der Teilungsfehler über die Kettenlänge. Bei zwei Ketten ergaben die zweite und dritte Harmonische der Umlauffrequenz beispielsweise nur sehr geringe Resonanzamplituden. Die Ketten 111 (Abb.63) und Nr. 113 (Abb.64) hatten bei etwa gleicher Erregungsamplitude Φ_o sehr unterschiedliche Resonanzamplituden der zweiten Harmonischen.

Um eine Vorstellung von der Bedeutung der Erregeramplituden der höheren Harmonischen im Verhältnis zur Erregung mit der Umlauffrequenz der Kette zu erhalten, ist mit Abbildung 65 die Abhängigkeit der spezifischen Drehschwingungsamplitude vom Frequenzverhältnis ω_u/ω_e als Mittelwert aus den Messungen an den 25 Versuchsketten gezeigt. Dabei ist der Kurvenverlauf in Abbildung 65 aus den Werten $\Phi_{\nu;r}$ errechnet worden, die ihrerseits nach den Gleichungen (2.3/13) aus den Minimalwerten φ_m (Abb.33) bestimmt worden sind. Der unverhältnismäßig große Wert von $\Phi_{4;r}$ kann erklärt werden aus der Tatsache, daß für die Rechnung nur die ersten vier Harmonischen berücksichtigt wurden, während bei der Messung von φ_{m3} die überkritischen Drehschwingungsamplituden der Harmonischen mit einer Ordnung größer als vier mitgemessen wurden. In Wirklichkeit dürfte also die vierte Harmonische nicht die Bedeutung haben, die dem Werte von $\Phi_{4;r}$ entspricht. Zusammenfassend kann demnach gesagt werden, daß die höheren Harmonischen im Mittel einen relativ kleinen Einfluß im Verhältnis zur ersten Harmonischen haben. Da aber die Streuung recht groß ist und die erste Harmonische der Umlauffrequenz eine besondere Bedeutung hat, erscheint es ratsam, in besonderen Fällen auch die höheren Harmonischen der Umlauffrequenz bei der Auslegung eines Triebes zu beachten.

Am Beispiel der Ketten Nr. 111, 113 und 105 ist versucht worden, die unterschiedliche Erregung der Drehschwingungsamplituden mit der Umlauffrequenz und deren Harmonischen einer Messung der Teilungsfehler der

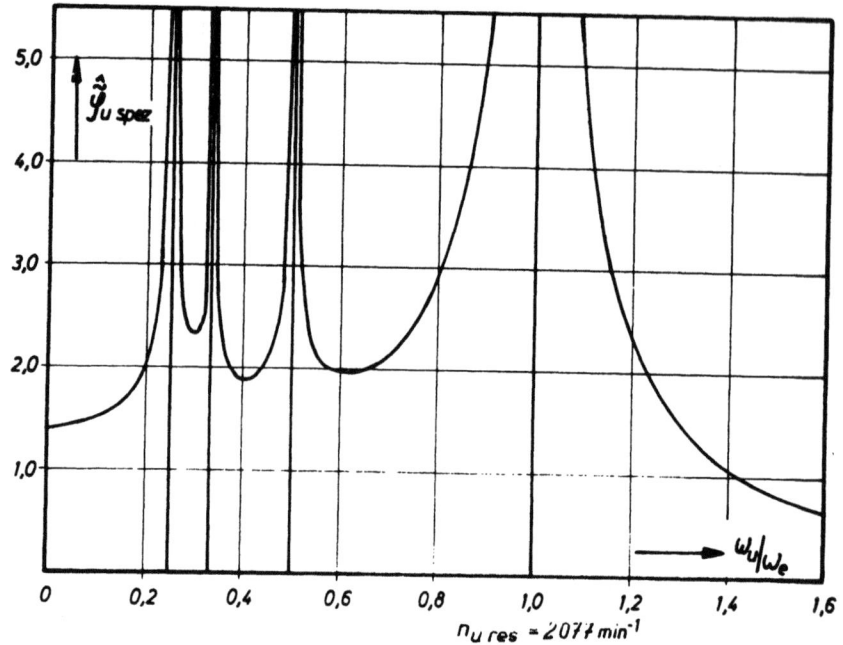

Abbildung 65

Die spezifische Drehschwingungsamplitude in Abhängigkeit vom Frequenzverhältnis

Mittelwert aus Messungen mit 25 Versuchsketten von 5 Herstellern

$\phi_o = 0,23$ mm; $\phi_{1r} = 1,0$; $\phi_{2r} = 0,127$; $\phi_{3r} = 0,081$; $\phi_{4r} = 0,246$

Daten des Versuchstriebs:

$Md_1 = 4$ mkp; $\Theta_1 = 22,69$ kpcmsek^2; $z_1 = 19$ Zähne; $e_1 = 0,03$ mm;
$p = 274$ mkp; $i = 1$, $j = 1$; $\eta = 0,67$; $\epsilon = 0$; $\xi = 0,5$.
Kette: 12,7 x 6,4 x 7,75 DIN 8187; X = 98 Glieder.

zugehörigen Ketten gegenüberzustellen. In Abbildung 66 ist die Abweichung der Teilung der einzelnen Kettenglieder von der mittleren Teilung über der Kettenlänge aufgetragen. Die einzelnen Meßwerte sind durch einen Linienzug verbunden. Die Einzelteilung der Kettenglieder ist mit dem Teilungsmeßgerät der Firma Mahr gemessen worden. Die einzelnen Linienzüge sind mit dem Analysator nach Dr.MADER auf ihren Anteil an Harmonischen untersucht worden. An drei Beispielen soll die tendenzmäßige Übereinstimmung der analysierten Drehschwingungsmessung mit der Analyse der gemessenen Teilungsfehler gezeigt werden.

So betrug das Verhältnis der Erregeramplituden der zweiten Harmonischen bei den Ketten Nr. 111 und 113

$$\frac{\phi_{2r;111}}{\phi_{2r;113}} = 5,16$$

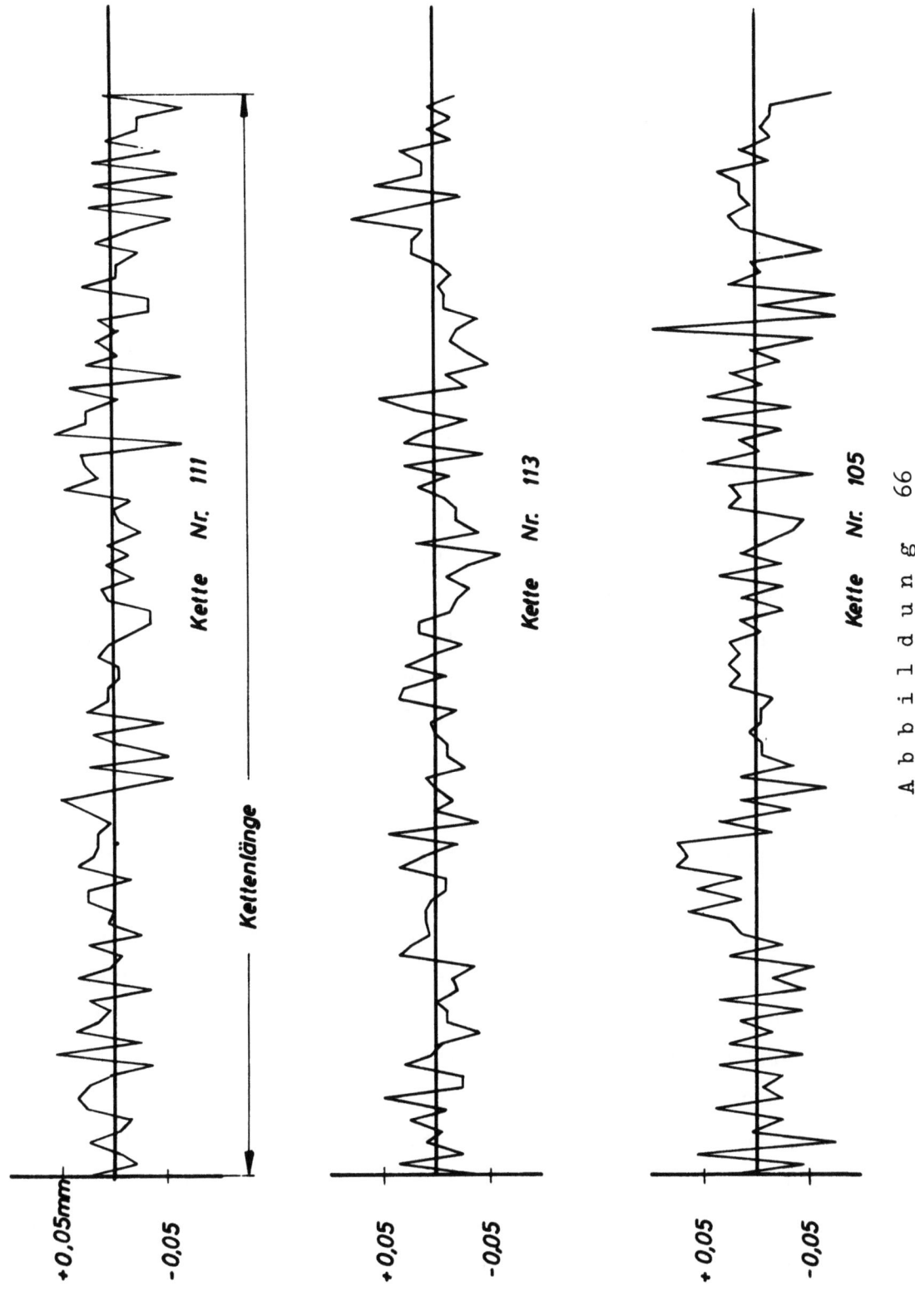

Abbildung 66

Die gemessenen Teilungsfehler der 98 Glieder der Ketten Nr. 111, 113 und 105

Das Verhältnis der zweiten Harmonischen der Teilungsfehler war:

$$\frac{\delta t_{2;111}}{\delta t_{2;113}} = 1,6$$

Ein entsprechender Vergleich der ersten Harmonischen der Ketten Nr. 111 und 113 bzw. 105 und 111 ergibt:

$$\frac{\phi_{o;111}}{\phi_{o;113}} = 1,42 \qquad \frac{\delta t_{1;111}}{\delta t_{1;113}} = 1,09$$

$$\frac{\phi_{o;105}}{\phi_{o;111}} = 2,05 \qquad \frac{\delta t_{1;105}}{\delta t_{1;111}} = 1,16 \;.$$

Die mangelhafte Übereinstimmung der gemessenen Anteile der Erregeramplituden der Harmonischen in der Gegenüberstellung der Meßergebnisse aus Drehschwingungsmessungen und Messungen der Teilungsfehler der Kette kann erklärt werden, wenn man beachtet, daß die Erregerwirkung der Teilungsfehler auf die Drehschwingungen des betrachteten Systems nur sehr unvollständig durch die beschriebene harmonische Analyse der Teilungsabweichungen gegeben ist. So ist die durchgeführte Analyse der Teilungsfehler günstigenfalls in der Lage, die Erregerwirkung auf eines der beiden Kettenräder wiederzuspiegeln, während sich die Erregung des Zweirad-Kettentriebes erst aus dem fasengerechten Zusammenwirken der Erregungen am treibenden und getriebenen Rad ergibt.

Die in Abbildung 63 beispielsweise gezeigten Drehschwingungsamplituden in der Nähe der Resonanz zwischen der Umlauffrequenz der Kette und der Eigenfrequenz des Systems ($\omega_u/\omega_e \approx 1$) sind beschnitten durch die Kurve $\hat{P}_u = P$. Oberhalb dieser Kurve beginnt der nichtlineare Bereich der Schwingung, bei der die dynamische Belastung des Lasttrums größer als die statische wird. Dabei hängt die Lage der Grenzkurve des nichtlinearen Bereichs von der Größe der statischen Kettenbelastung ab. In den Abbildungen 67 und 68 ist der nichtlineare Bereich der Schwingung für zwei verschiedene statische Kettenbelastungen entsprechend den Gelenkflächenpressungen von $p = 137 \text{ kp/cm}^2$ bzw. $p = 274 \text{ kp/cm}^2$ durchfahren worden. Dabei entsprechen die Punkte den Meßwerten beim Durchfahren der Resonanz mit steigendem ω_u/ω_e und die Kreuze den Meßwerten beim Durchfahren der Resonanz mit fallendem Frequenzverhältnis ω_u/ω_e. Man erkennt deutlich das Abknicken der Vergrößerungsfunktion, das für die nichtlineare Federkennlinie charakteristisch ist. Dabei kann das Abknicken der Vergrößerungsfunktion zu kleineren Werten von ω_u/ω_e erklärt werden durch die

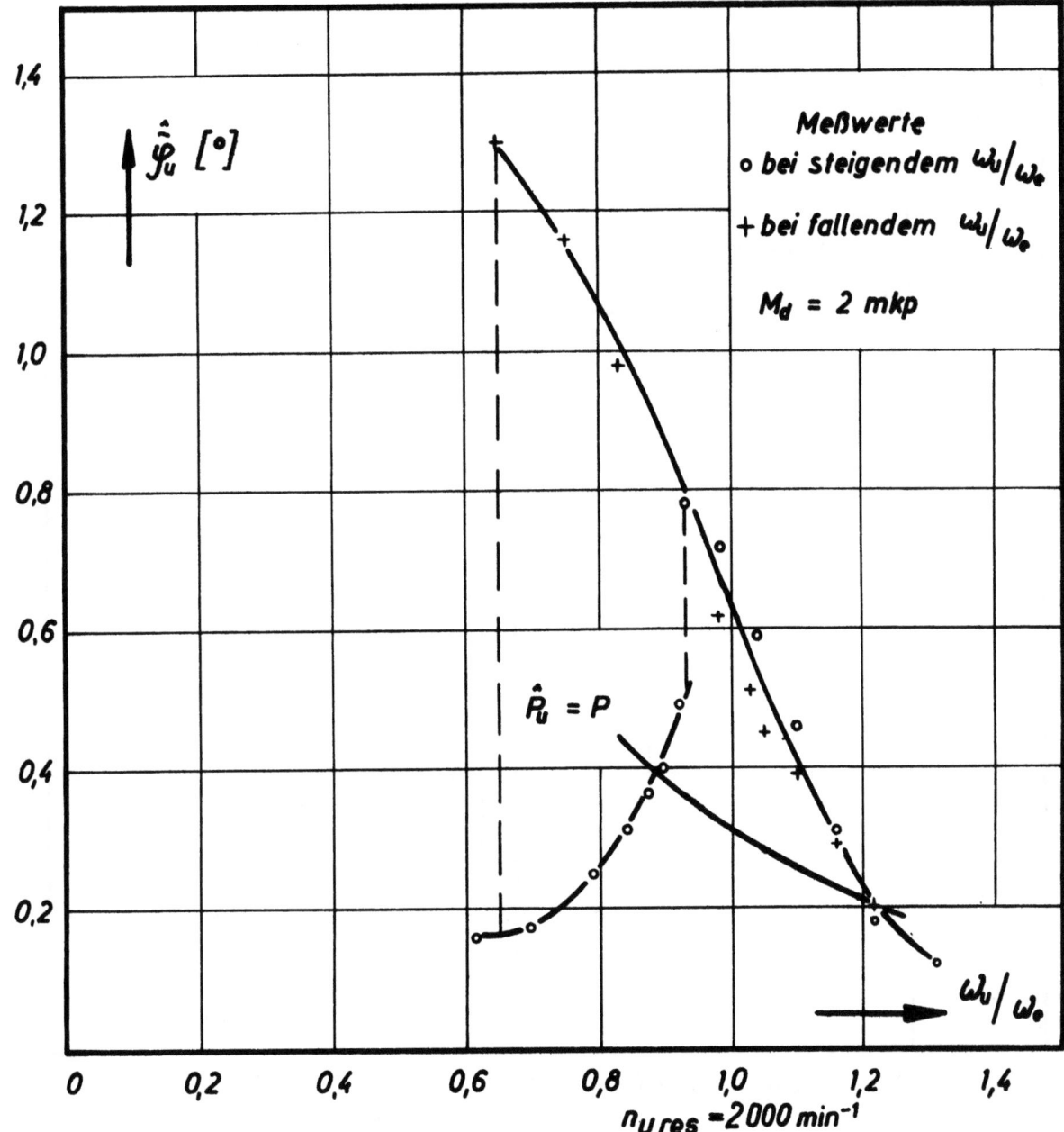

Abbildung 67

Die Abhängigkeit der Drehschwingungsamplitude vom Frequenzverhältnis ω_u/ω_e im nichtlinearen Bereich ($\hat{P}_u > P$) bei Md = 2 mkp oder p = 137 kp/cm^2

Daten des Versuchstriebs: (s.Abb.65)

fehlende Rückstellkraft der Kette, die bei $\hat{P}_u > P$ nicht auf Druck beansprucht werden kann. So konnte auch bei Anfahren der Meßwerte in Resonanznähe ein deutliches Durchhängen des Lasttrums beobachtet werden, das mit der Umlauffrequenz der Kette periodisch auftrat.

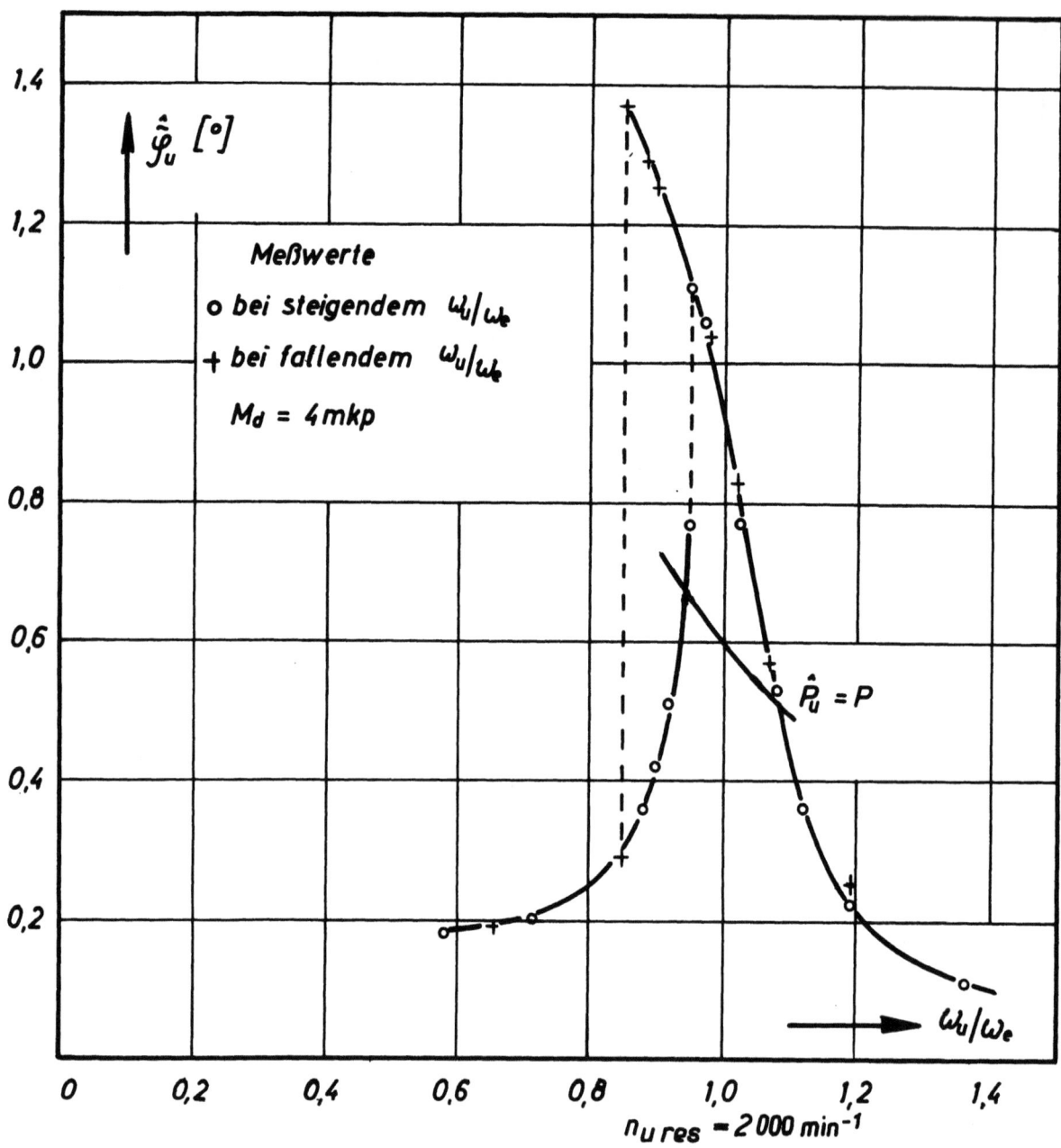

Abbildung 68

Die Abhängigkeit der Drehschwingungsamplitude vom Frequenzverhältnis ω_u/ω_e im nichtlinearen Bereich ($\hat{P}_u > P$) bei Md = 4 mkp oder p = 274 kp/cm^2

Daten des Versuchstriebs: (s.Abb.65)

Als Folge des nichtlinearen Verhaltens eines Zweiradkettentriebes ergeben sich demnach im unterkritischen Bereich zwei mögliche Schwingungszustände bei einer bestimmten Drehzahl. Im Beispiel der Abbildung 67 ist bei einer Drehzahl, die dem Frequenzverhältnis ω_u/ω_e = 0,8 entspricht, eine Drehschwingungsamplitude von 0,26° bzw. 1,07° möglich. Dabei wird der Wert 0,26° erreicht, wenn man aus dem unterkritischen Bereich an die

Seite 92

betrachtete Drehzahl heranfährt, während 1,07° gemessen werden, wenn man aus dem überkritischen Bereich kommend die betrachtete Drehzahl anfährt.

In einem ähnlich gelagerten praktischen Fall ist es daher ratsam, langsam an die gewünschte Drehzahl heranzufahren.

4. Zusammenfassung

Die vorliegende Arbeit befaßt sich mit den Drehschwingungen des Zweirad-Kettentriebes, soweit sie durch die besonderen Merkmale eines Kettentriebs erregt werden. Als Drehschwingung werden in diesem Zusammenhang diejenigen Vorgänge bezeichnet, bei denen die treibende und getriebene Welle ihrer gleichförmigen Drehbewegung überlagerte Drehschwingungen ausführen und die Kette eine schwellende Belastung erfährt.

Es werden Gleichungen hergeleitet, nach denen die Berechnung der Drehschwingungsamplituden der Wellen, der Ungleichförmigkeitsgrad der Drehbewegung der Wellen und die dynamische Kettenbelastung möglich ist, wenn die Erregung durch die Polygonwirkung der Kettenradverzahnung, durch die Exzentrizitäten der Kettenräder und durch die Teilungsfehler der Kette verursacht wird.

Die mit der Zahnfrequenz und den Drehfrequenzen der Kettenräder periodischen Vorgänge sind damit im voraus berechenbar. Ebenso kann der Erfolg gezielter Maßnahmen zur Vermeidung gefährlicher Betriebszustände errechnet werden. Die aufgestellten Gleichungen ergeben eine gute Übereinstimmung mit durchgeführten Messungen.

Ein Vorschlag für die Festlegung zulässiger Exzentrizitäten der Kettenradverzahnung bei schnellaufenden Kettentrieben wird vorgelegt.

Die durch die Größe und Verteilung der Teilungsfehler der Kette verursachten und mit der Umlauffrequenz der Kette und deren Harmonischen periodischen Vorgänge wurden unter der Annahme berechnet, daß die Erregeramplituden der einzelnen Harmonischen bekannt sind. Für die Rollenkette 12,7 x 6,4 x 7,75 DIN 8187 wurde mit Hilfe von 25 Ketten von 5 Herstellern die Größe und Streuung der Amplituden der Erregung mit der Umlauffrequenz und deren Harmonischen gemessen und analysiert.

Es wird auf die Möglichkeit hingewiesen, aus der Prüfstandsmessung der mit der Umlauffrequenz periodischen Drehschwingungsamplituden die Ketten für schnellaufende Triebe auszusortieren, die nach der Größe und Verteilung ihrer Teilungsfehler eine geringe Erregung von Drehschwingungen ergeben.

Im Vordergrund der Untersuchung stehen die Rollenkettentriebe. Es sind aber eine Reihe von Ergebnissen direkt auf die anderen Typen der Stahlgelenkketten übertragbar.

Dipl.-Ing. Hans-Günther Rachner

Literaturverzeichnis

[1] BINDER, R.C. — Mechanics of the Roller Chain Drive
Prentice-Hall Inc.
Englewood Cliffs N.Y. 1956

[2] FRONIUS, St. — Berechnung von Kettentrieben
Konstruktion 11 (1959), 10, S. 383-390

[3] HOFMEISTER, W. und H. KLAUCKE — Dynamic Checks Point Way to Longer Chain Life
Iron Age 178 (1956), 16. August, S. 89-99

[4] STAMETS, W.K. — Dynamic Loading of Chain Drives
Trans. of the ASME, 1951, S. 655-666

[5] WOROBJEW, N.W. — Kettentriebe
VEB-Verlag Technik, Berlin 1953

Die wichtigsten im Text der Arbeit verwendeten Formelzeichen:

Die im Zusammenhang mit den Formelzeichen:

$$n, \omega, \varphi, x, \delta, \Theta, r, d_o, z, \mathit{v}$$

verwendeten Indizes 1 und 2 bezeichnen die treibende (1) bzw. getriebene (2) Welle.

Die im Zusammenhang mit den Formelzeichen:

$$n, \omega, \varphi, x, \delta, \varepsilon, \mathit{v}$$

verwendeten Indizes Z D U bezeichnen die Vorgänge, die mit der Zahnfrequenz (Z), der Drehfrequenz der Kettenräder (D) und der Umlauffrequenz der Kette (U) periodisch sind.

Das über den Formelzeichen x und φ geschriebene Hilfszeichen $\sim$ soll die Größen $\tilde{x}$ und $\tilde{\varphi}$ unterscheiden von den laufenden Koordinaten und deutet darauf hin, daß der Verlauf der Schwingung gemeint ist.

Das über einigen Formelzeichen geschriebene Hilfszeichen $\wedge$ (bspw. $\hat{\varphi}$) soll anzeigen, daß nur die Amplitude der Schwingung gemeint ist.

Neben den im folgenden angegebenen Formelzeichen sind die Seitenzahlen vermerkt, auf denen das Zeichen erstmals benutzt wurde.

Θ	=	Trägheitsmoment an den Wellen	S. 7
M_d	=	Drehmoment	S. 7
z	=	Zähnezahl der Kettenräder	S. 7
x	=	laufende Koordinate der translatorischen Bewegung des Trumführungspunktes	S. 7
r	=	Teilkreisradius der Kettenräder	S. 7
φ	=	laufende Koordinate der Drehbewegung der Kettenräder	S. 7
ω	=	Winkelgeschwindigkeit der Kettenräder	S. 7
t	=	laufende Koordinate der Zeit	S. 7
α	=	halber Teilungswinkel der Kettenräder	S. 8
t	=	Kettenteilung	S. 8
x_m	=	gedachte gleichförmige Bewegung des Trumführungspunktes, parallel zur Trumrichtung	S. 8
$\Delta x_{Z;D;U}$	=	Abweichung der ungleichförmigen Bewegung des Trumführungspunktes von der gedachten gleichförmigen Bewegung	S. 8
b	=	Fourierkoeffizient der Erregerfunktion bei Erregung durch den Polygoneffekt	S. 9
ν	=	Ordnungszahl der Fourierkoeffizienten	S. 9

m	=	Träge Massen beim translatorischen System	S. 10
c	=	Federsteifigkeit des Kettentrums	S. 10
$\tilde{x}_{Z;D;U}$	=	Dynamische Bewegung des Trumführungspunktes	S. 10
ξ	=	Gliederzahlbeiwert	S. 10
ε_z	=	Fase der Polygon-Erregung am treibenden und getriebenen Rad	S. 10
$\omega_{Z;D;U}$	=	Kreisfrequenz der Erregung	S. 10
ζ	=	Fase der dynamischen Bewegung der Trumführungspunkte	S. 11
ω_{res}	=	Kreisfrequenz der Erregung, die mit der Eigenfrequenz des Systems in Resonanz ist	S. 12
$P_{Z;D;U}$	=	dynamische Kettenbelastung	S. 12
$\tilde{\varphi}_{Z;D;U}$	=	dynamische Drehbewegung des Kettenrades	S. 12
i	=	Übersetzungsverhältnis	S. 13
j	=	Massenverhältnis	S. 13
c_{spez}	=	spezifische Kettensteifigkeit	S. 13
L_T	=	Länge des belasteten Trums	S. 13
ω_e	=	Eigenfrequenz des Drehschwingungssystems	S. 14
n_{res}	=	Resonanzdrehzahlen der Wellen	S. 14
F_ν	=	Die durch die Fourier-Entwicklung bestimmten Glieder der Gleichung (2.1/13) und (2.1/14)	S. 14
$\mathcal{M}$	=	Ausdrücke, die den Einfluß der dimensionslosen Triebdaten i, j, auf die Drehschwingungsamplituden kennzeichnen	S. 23
$\mathcal{W}$	=	Vergrößerungsfunktionen des Typs $\frac{1}{1-(\omega_{err}/\omega_e)^2}$	S. 23
δ	=	Ungleichförmigkeitsgrad	S. 23
$\mathcal{W}^x$	=	Vergrößerungsfunktionen des Typs $\frac{(\omega_{err}/\omega_e)^2}{1-(\omega_{err}/\omega_e)^2}$	S. 30
ε	=	Anfangsfase zwischen Exzentrizitäten des treibenden und getriebenen Rades bei $\lambda = 0$	S. 31
e	=	Exzentrizität der Kettenräder	S. 31
η	=	Verhältnis der Exzentrizitäten	S. 33
$\tilde{\varphi}_{spez}$	=	spezifische Drehschwingung oder "Schwingungsform"	S. 34
ω_1/ω_e'	=	Frequenzverhältnis im Bereich $1<\omega_1/\omega_e'<i$ mit minimaler Amplitude der spez. Drehschwingung	S. 42
e_{zul}	=	zulässige Exzentrizität der Kettenräder	S. 47
c_{rel}	=	relative Kettensteifigkeit	S. 48
P_B	=	Mindestbruchlast der Ketten	S. 48
$\phi(\lambda)$	=	Erregerfunktion bei Erregung durch Teilungsfehler der Kette	S. 53
ϕ_o	=	Erregeramplitude der 1. Harmonischen bei Erregung mit der Umlauffrequenz	S. 53

$\phi_{r\nu}$	=	Relative Erregeramplituden der höheren Harmonischen der Umlauffrequenz	S. 53
$\varepsilon_{u\nu}$	=	Fasenlage der Erregeramplituden der Harmonischen der Umlauffrequenz	S. 53
φ_m	=	Minima der spez. Drehschwingungsamplituden zwischen den Resonanzstellen	S. 56
$\frac{\omega_m}{\omega_e}$	=	Frequenzverhältnisse, die den Werten φ_m zugeordnet sind	S. 56
δ	=	Logarithmisches Dekrement der Dämpfung	S. 60
P	=	Statische Zugkraft der Kette	S. 60
D	=	Die Dämpfung	S. 61
ε_G	=	Fasenverzerrung durch den Drehschwingungsgeber	S. 67
$\frac{\Delta t}{t}$	=	Mittlere Teilungszunahme als Folge von Verschleiß der Kette	S. 75
X	=	Gliederzahl der Kette	S. 71
p	=	Gelenkflächenpressung	S. 71
$\frac{\delta t}{t}$	=	Amplituden der Fourieranalyse der Teilungsfehler der Kette	S. 90

FORSCHUNGSBERICHTE
DES LANDES NORDRHEIN-WESTFALEN

Herausgegeben durch das Kultusministerium

MASCHINENBAU

HEFT 45
Losenhausenwerk Düsseldorfer Maschinenbau AG., Düsseldorf
Untersuchungen von störenden Einflüssen auf die Lastgrenzenanzeige von Dauerschwingprüfmaschinen
1953, 36 Seiten, 11 Abb., 3 Tabellen, DM 7,25

HEFT 77
Meteor Apparatebau Paul Schmeck GmbH., Siegen
Entwicklung von Leuchtstoffröhren hoher Leistung
1954, 46 Seiten, 12 Abb., 2 Tabellen, DM 9,15

HEFT 100
Prof. Dr.-Ing. H. Opitz, Aachen
Untersuchungen von elektrischen Antrieben, Steuerungen und Regelungen an Werkzeugmaschinen
1955, 166 Seiten, 71 Abb., 3 Tabellen, DM 31,30

HEFT 136
Dipl.-Phys. P. Pilz, Remscheid
Über spezielle Probleme der Zerkleinerungstechnik von Weichstoffen
1955, 58 Seiten, 19 Abb., 2 Tabellen, DM 11,50

HEFT 147
Dr.-Ing. W. Rudisch, Unna
Untersuchung einer drehelastischen Elektromagnet-Synchronkupplung
1955, 82 Seiten, 65 Abb., DM 17,70

HEFT 183
Dr. W. Bornheim, Köln
Entwicklungsarbeiten an Flaschen- und Ampullen-Behandlungsmaschinen für die pharmazeutische Industrie
1956, 48 Seiten, 24 Abb., DM 11,70

HEFT 212
Dipl.-Ing. H. Spodig, Selm
Untersuchung zur Anwendung der Dauermagnete in der Technik
1955, 44 Seiten, 25 Abb., DM 9,80

HEFT 295
Prof. Dr.-Ing. H. Opitz und Dipl.-Ing. H. Axer, Aachen
Untersuchung und Weiterentwicklung neuartiger elektrischer Bearbeitungsverfahren
1956, 42 Seiten, 27 Abb., DM 10,30

HEFT 298
Prof. Dr.-Ing. E. Oehler, Aachen
Untersuchung von kritischen Drehzahlen, die durch Kreiselmomente verursacht werden
1956, 50 Seiten, 35 Abb., DM 13,15

HEFT 384
Prof. Dr.-Ing. H. Opitz, Aachen
Schwingungsuntersuchungen an Werkzeugmaschinen
1958, 66 Seiten, 73 Abb., DM 20,40

HEFT 412
Prof. Dr.-Ing. H. Opitz, Aachen
Kennwerte und Leistungsbedarf für Werkzeugmaschinengetriebe
1958, 72 Seiten, 35 Abb., DM 17,20

HEFT 506
Prof. Dr.-Ing. W. Meyer zur Capellen, Aachen
Der Flächeninhalt von Koppelkurven. Ein Beitrag zu ihrem Formenwandel
1958, 74 Seiten, 26 Abb., DM 21,50

HEFT 533
Prof. Dr.-Ing. H. Opitz und Dipl.-Ing. W. Hölken, Aachen
Untersuchung von Ratterschwingungen an Drehbänken
1958, 70 Seiten, 44 Abb., 2 Tabellen, DM 19,70

HEFT 606
Oberbaurat Prof. Dr.-Ing. W. Meyer zur Capellen, Aachen
Eine Getriebegruppe mit stationärem Geschwindigkeitsverlauf
1958, 34 Seiten, 21 Abb., DM 10,50

HEFT 631
Dr. E. Wedekind, Krefeld
Der Einfluß der Automatisierung auf die Struktur der Maschinen- und Arbeiterzeiten am mehrstelligen Arbeitsplatz in der Textilindustrie
1958, 72 Seiten, 32 Abb., 8 Tabellen, DM 21,10

HEFT 667
Prof. Dr.-Ing. H. Opitz und Dipl.-Ing. H. de Jong, Aachen
Schwingungs- und Geräuschuntersuchung an ortsfesten Getrieben
1959, 32 Seiten, 28 Abb., 2 Tabellen, DM 10,30

HEFT 668
Prof. Dr.-Ing. H. Opitz, Dipl.-Ing. G. Ostermann und Dipl.-Ing. M. Gappisch, Aachen
Beobachtungen über den Verschleiß an Hartmetallwerkzeugen
1958, 38 Seiten, 26 Abb., DM 12,—

HEFT 669
Prof. Dr.-Ing. H. Opitz, Dipl.-Ing. H. Uhrmeister und Dipl.-Ing. K. Jüstel, Aachen
Aufbau und Wirkungsweise einer Magnetbandsteuerung
1958, 50 Seiten, 39 Abb., DM 15,—

HEFT 670
Prof. Dr.-Ing. H. Opitz und Dipl.-Ing. W. Backé, Aachen
Untersuchung von Kopiersteuerungen
1959, 70 Seiten, 54 Abb., DM 18,80

HEFT 671
Prof. Dr.-Ing. H. Opitz, Dr.-Ing. R. Piekenbrink und Dipl.-Ing. K. Honrath, Aachen
Untersuchungen an Werkzeugmaschinenelementen
1959, 70 Seiten, 71 Abb., DM 20,—

HEFT 672
Prof. Dr.-Ing. H. Opitz, Dipl.-Ing. H. Heiermann und Dipl.-Ing. B. Rupprecht, Aachen
Untersuchungen beim Innenrundschleifen
1959, 34 Seiten, 50 Abb., DM 11,50

HEFT 673
Prof. Dr.-Ing. H. Opitz, Dipl.-Ing. H. Obrig und Dipl.-Ing. K. Ganser, Aachen
Die Bearbeitung von Werkzeugstoffen durch funkenerosives Senken
1959, 60 Seiten, 41 Abb., 1 Tabelle, DM 18,—

HEFT 676
Prof. Dr.-Ing. W. Meyer zur Capellen, Aachen
Harmonische Analyse bei Kurbeltrieben.
I. Allgemeine Zusammenhänge
1959, 38 Seiten. 10 Abb., DM 11,50

HEFT 695
Dr.-Ing. W. Herding, München
Die Fahrdynamik und das Arbeitsspiel gleisloser Erdbaugeräte als Kalkulationsgrundlage für die Bodenförderung und ihre Kosten
1960, 178 Seiten, 89 Abb., 18 Tabellen, DM 49,—

HEFT 718
Prof. Dr.-Ing. W. Meyer zur Capellen, Aachen
Die geschränkte Kurbelschleife
I. Die Bewegungsverhältnisse
1959, 110 Seiten, 54 Abb., DM 29,20

HEFT 764
Prof. Dr.-Ing. H. Opitz, Dr.-Ing. H. Siebel und Dipl.-Ing. R. Fleck, Aachen
Keramische Schneidstoffe
1959, 30 Seiten, 18 Abb., DM 9,80

HEFT 772
Prof. Dr.-Ing. W. Meyer zur Capellen
Nomogramme zur geneigten Sinuslinie
1959, 28 Seiten, 11 Abb., DM 8,50

HEFT 775
Prof. Dr.-Ing. H. Opitz
Automatische Erfassung der Maßabweichung der Werkstücke zum Zweck der selbständigen Korrektur der Maschine
1959, 38 Seiten, 27 Abb., DM 11,40

HEFT 777
Prof. Dr.-Ing. H. Opitz und Dipl.-Ing. P.-H. Brammertz, Aachen
Werkstückgüte und Fertigkeitskosten beim Innen-Feindrehen und Außenrund-Einsteckschleifen
1959, 92 Seiten, 68 Abb., DM 25,30

HEFT 788
Prof. Dr.-Ing. Herwart Opitz, Aachen
Der Einsatz radioaktiver Isotope bei Zerspannungsuntersuchungen
1959, 36 Seiten, 23 Abb., DM 11,30

HEFT 794
Dipl.-Ing. Reinhard Wilken, Düsseldorf
Das Biegen von Innenborden mit Stempeln
1959, 82 Seiten, DM 22,40

HEFT 801
Baurat Dipl.-Ing. Gesell, Duisburg
Ersatz von Quarzsand als Strahlmittel
1960, 66 Seiten, 12 Abb., 4 Tabellen, 17 Diagramme, DM 18,90

HEFT 803
Prof. Dr.-Ing. W. Meyer zur Capellen und Dipl.-Ing. E. Lenk, Aachen
Harmonische Analyse bei Kurbeltrieben. Teil II: Gleichschenklige Getriebe
1960, 69 Seiten, 15 Abb., DM 18,40

HEFT 804
Prof. Dr.-Ing. W. Meyer zur Capellen und Dipl.-Ing. W. Rath, Aachen
Die geschränkte Kurbelschleife. Teil II: Die Harmonische Analyse
1960, 66 Seiten, 14 Abb., DM 18,90

HEFT 806
Prof. Dr.-Ing. H. Opitz u. a., Aachen
Untersuchungen von Zahnradgetrieben und Zahnradbearbeitungsmaschinen
1960, 95 Seiten, 81 Abb., DM 29,30

HEFT 809
Prof. Dr.-Ing. H. Opitz und Dipl.-Ing. H. H. Herold, Aachen
Untersuchung von elektro-mechanischen Schaltelementen
1960, 35 Seiten, 16 Abb., DM 11,—

HEFT 810
Prof. Dr.-Ing. H. Opitz und Dr.-Ing. N. Maas, Aachen
Das dynamische Verhalten von Lastschaltgetrieben
1960, 97 Seiten, 77 Abb., DM 29,50

HEFT 811
Prof. Dr.-Ing. H. Opitz und Dipl.-Ing. H. Bürklin, Aachen
Fa. Schoppe & Faeser, Minden, bearbeitet im Auftrage des Forschungsinstitutes für Rationalisierung in Aachen
Über Weggeber für automatisch gesteuerte Arbeitsmaschinen

HEFT 820
Prof. Dr.-Ing. H. Opitz, Dipl.-Ing. H. Rohde und Dipl.-Ing. W. König, Aachen
Untersuchungen der Spanformung durch Spanbrecher beim Drehen mit Hartmetallwerkzeugen
1960, 35 Seiten, 16 Abb., DM 15,80

HEFT 830
Prof. Dr.-Ing. H. Opitz und Dipl.-Ing. W. Backé, Aachen
Automatisierung des Arbeitsablaufes in der spanabhebenden Fertigung

HEFT 831
Prof. Dr.-Ing. H. Opitz, Dr.-Ing. H.-G. Rohs und Dr.-Ing. G. Stute, Aachen
Statistische Untersuchungen über die Ausnutzung von Werkzeugmaschinen in der Einzel- und Massenfertigung
1960, 38 Seiten, 32 Abb., DM 13,—

HEFT 864
Prof. Dr.-Ing. H. Opitz, Aachen
Funkenarbeit und Bearbeitungsergebnis bei der funkenerosiven Bearbeitung
1960, 44 Seiten. 19 Abb., DM 13,10

HEFT 873
*Prof. Dr.-Ing. W. Meyer zur Capellen und
Dipl.-Ing. W. Rath, Aachen*
Kinematik der sphärischen Schubkurbel
1960, 38 Seiten, 13 Abb., DM 11,20

HEFT 887
Baurat Dipl.-Ing. W. Gesell, Duisburg
Arbeiten mit Preß-Formmaschinen unter Normal-Bedingungen und bei hohen spezifischen Preßdrucken

HEFT 898
Prof. Dr.-Ing. H. Opitz und H. de Jong, Aachen
Untersuchung von Zahnradgetrieben und Zahnradbearbeitungsmaschinen in Zusammenarbeit mit der Industrie

HEFT 900
Prof. Dr.-Ing. H. Opitz und Dr.-Ing. J. Bielefeld, Aachen
Automatisierung der Werkzeugmaschine für die spanabhebende Bearbeitung

HEFT 901
*Prof. Dr.-Ing. H. Opitz, Dr.-Ing. J. Bielefeld und
Dipl.-Ing. W. Kalkert, Aachen*
Lebensdauerprüfung von Zahnradgetrieben

Ein Gesamtverzeichnis der Forschungsberichte, die folgende Gebiete umfassen, kann bei Bedarf vom Verlag angefordert werden:
Acetylen / Schweißtechnik – Arbeitspsychologie und -wissenschaft – Bau / Steine / Erden – Bergbau – Biologie – Chemie – Eisenverarbeitende Industrie – Elektrotechnik / Optik – Fahrzeugbau / Gasmotoren – Farbe / Papier / Photographie – Fertigung – Gaswirtschaft – Hüttenwesen / Werkstoffkunde – Luftfahrt / Flugwissenschaften – Maschinenbau – Medizin / Pharmakologie / Physiologie – NE-Metalle – Physik – Schall / Ultraschall – Schiffahrt – Textiltechnik / Faserforschung / Wäschereiforschung – Turbinen – Verkehr – Wirtschaftswissenschaften.

If you have any concerns about our products,
you can contact us on
ProductSafety@springernature.com

In case Publisher is established outside the EU,
the EU authorized representative is:
**Springer Nature Customer Service Center GmbH
Europaplatz 3, 69115 Heidelberg, Germany**

Printed by Libri Plureos GmbH
in Hamburg, Germany